KB085189

하루 —— 5분
뇌 태 교 동 화

하루 5분 뇌태교동화

태교 동화를 읽는 시간, 두뇌가 발달하는 아이

정홍 글 | 설찌 그림

위즈덤하우스

3
CHAPTER

임신 3개월 뇌태교

• 9~12주 •

• ✻ •

4
CHAPTER

임신 4개월 뇌태교

• 13~16주 •

5
CHAPTER

임신 5개월 뇌태교

• 17~20주 •

6
CHAPTER

임신 6개월 뇌태교

• 21~24주 •

9
CHAPTER

임신 9개월 뇌태교

• 33~36주 •

• ✳ •

10
CHAPTER

임신 10개월 뇌태교

• 37~40주 •

감수자의 글

태아는 능동적으로 엄마 몸 안팎의 상황에 반응하고 적응하면서 발달합니다. 엄마는 태아를 위험에 빠지지 않도록 수동적으로 보호하기도 하지만, 적극적으로 태아에게 긍정적인 영향을 미칩니다. 임신 10개월은 아기의 탄생 후 이어질 삶에서 심신의 건강을 결정하는 중요한 시간입니다. 양육이 결정적 요인이라고 주장하는 교육학자들은 영유아 시기의 환경을 중요시하지만 뇌과학자의 입장에서 본다면 자궁이라는 환경이야말로 아이의 뇌 발달의 결정적인 요인입니다. 아기의 뇌 안에는 활동하지 않고 휴면 중인 유전자들이 있는데, 그 유전자의 작동 여부를 결정하는 것이 바로 경험입니다. 태아기와 영아기의 경험으로 과잉행동이나 충동성, 공격성 등 바람직하지 않은 특성을 지닌 유전자가 작동할 수도 있고 반대로 작동하지 않도록 막을 수도 있습니다.

초기에 형성된 뇌 구조는 바꾸기가 힘듭니다. 이것이 태아기와 영아기에 더욱 많은 관심을 기울여야 하는 이유 중 하나입니다. 초기에 형성된 뇌 구조는 일종의 '견본'이 되어 이후 뇌 성장과 발달에 영향을 미칩니다. 뇌에서 제일 먼저 조직된 부분은 바뀔 가능성이 가장 희박합니다. 감정이나 인지에 관련된 뇌 구조 역시 초기에 형성됩니다. 이 구조가 어떻게 형성되느냐에 따라 감정적 대응이나 감정조절능력, IQ가 결정되므로 무척 중요합니다. 따라서 태아기와 영아기에 안전하고 사랑이 넘치는 환경을 마련해주는 것이 중요합니다. 이 시기에 방치되거나 학대받은 아기들은 감정을 담당하는 편도체와 기억력을 담당하는 해마가 보통 아이들보다 작고 제대로 기능하지 못합니다.

태교란 결국 엄마와 태아가 서로 상호작용하고 교감하는 모든 것을 말합니다. 최근에는 태교가 임신 중 외국어, 예술, 기술, 수학 교육과 같은 광범위한 태내 교육으로 변질되고 있는데 그것은 잘못된 생각입니다. 태교는 얼굴도 모르는 태아에게 요란스러운 교육을 하는 것이 아니라 엄마와 태아의 상호작용이나 교감을 통하여 뇌를 성장시키는 일입니다. 아기의 뇌 발달을 돕는 건강한 태내 환경을 만들고 태아와 정서적 교감과 인지적 의사소통을 하는 것이 태교인 것입니다.

태아는 임신 23주 무렵에 소리를 감지합니다. 외부에서 나는 소리가 양수에 파동을 만들고 이 파동이 태아 두개골의 내이를 자극함으로써 태아가 소리를 듣는 것입니다. 최근 연구에 의하면 태아는 외부 음향 중 음성의 약 30% 정도를 인식하며 특히 억양을 거의 모두 구별한다고 합니다. 이러한 현상은 음악의 멜로디와 외국의 억양을 구별하는 것과 같습니다. 또한 태아는 엄마의 목소리는 물론, 목소리를 다르게 내도 이를 모두 알아챕니다. 이는 태아가 임신 말기에 자궁 내부는 물론 자궁 외부의 소리를 기억한다는 뜻입니다.

열 명의 건강한 산모에게 출산하기 1개월 전부터 두 가지 소리를 준비하여 매일 일정한 시간에 자궁 속 태아에게 들려주었습니다. 하나는 아름다운 차임벨 소리였으며 또 다른 하나는 약간 시끄러운 자명종 소리였습니다. 소리를 들려줄 때마다 자궁 속 태아의 심박동 변화를 측정하였더니 소리에 따라 약간 다른 반응을 보였습니다. 이후 아기가 태어난 다음 같은 소리를 들려주고 반응을 살폈습니다. 신생아들은 모두 자궁 속에서 보였던 것과 동일한 심박동 변화를 보였습니다. 즉 신생아들은 자궁 속 태아 시절에 들었던 소리를 태어난 후에도 기억한다는 것입니다.

* * *

태담은 태아와의 상호작용과 의사소통에 중요한 의미를 갖습니다.

소리를 들려주면 태아의 움직임, 눈 깜빡임, 심장박동의 증가 등이 관찰됩니다. 과학자들은 임신 18주에서 39주 사이의 임신부들에게 일정한 소리를 들려주고 태아가 어떤 경로로 느끼는지를 살펴보았습니다. 그 결과, 태아는 성인과 마찬가지로 청각 경로 및 진동 경로 두 가지를 모두 사용하고 있었습니다. 단, 만삭 때는 청각 경로가 진동 경로보다 다소 우세한 것으로 나타났습니다. 태아에게 가장 익숙하고 편안한 영향을 주는 청각자극은 엄마와 관련된 소리들입니다. 목소리는 물론이고 특히 엄마의 심장박동은 태아가 가장 좋아하는 소리입니다. 조산아들을 대상으로 한 실험에서 인큐베이터 속의 아기에게 엄마의 심장박동을 녹음해서 들려준 후 24개월이 되었을 때 IQ를 검사해보니 심장박동 소리를 듣지 못한 아기에 비해 IQ가 높다는 연구 결과가 밝혀지기도 했습니다. 엄마의 편안한 몸과 마음의 상태야말로 태아에게 가장 좋은 자극과 환경이 됩니다.

태뇌는 출생 시까지는 유전자 프로그램에 따라 자동적으로 구성되는데, 이 프로그램은 탄력적이고 융통성이 있어서 외부와의 상호작용에 따라 어떤 환경에서도 자라날 수 있습니다. 이때 엄마 아빠가 할 수 있는 가장 중요한 일이 바로 태아와의 상호작용과 교감입니다. 부모는 '아기가 더 똑똑해진다', '상상력이 풍부해진다', '음악성이 발달한다' 등의 이유로 태교를 합니다. 하지만 태아는 아주 중요하고 힘든 과정을 겪고 있는 데다 아직 외부의 자극 등을 받아들일 수 있는 시스템도 완전하지 않습니다. 따라서 태아에게 직접적인 영향을 미칠 수 있는 교육 프로그램은 제한적입니다. 그러나 태담에 대해서는 뇌 발달에 미치는 효과가 입증되었습니다. 이 태담을 할 때 빠지지 않는 것이 바로 동화 읽어주기입니다. 하루 5분 부모의 목소리로 동화를 읽어주는 것보다 효과적인 상호작용과 교감은 없습니다. 이 상호작용과 교감을 위해서는 태아에 대해 제대로 알아야 합니다. 기본적인 지식을 알아야 이해할 수 있고, 이해해야 공감하고 실천할 수 있습니다. 따라서 이 책에서는 부모의 이해를 돕기 위하여 임신 10개월 동안 각 시기별 태뇌의 구조와 특징 및 그에 따른 두뇌태교법도 간략하게 기술하였습니다.

가톨릭대학교 의정부성모병원

소아청소년과 교수 김영훈

1
CHAPTER

임신 1개월
뇌태교

• 1~4주 •

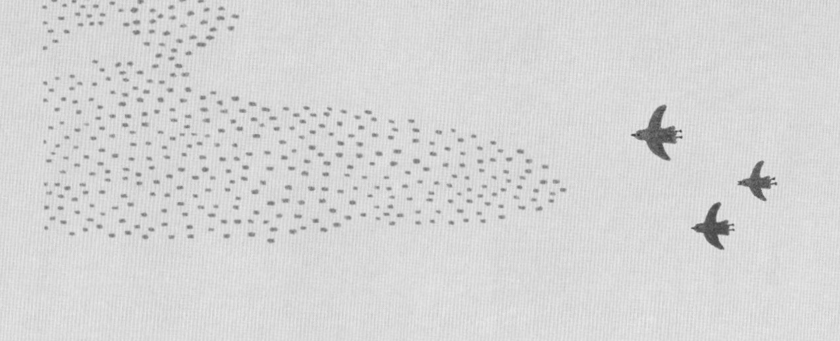

태아의 뇌는 빨리 자랍니다. 앞으로 뇌가 될 신경판이 접히면서 주위의 부위들끼리 합쳐지는데 그로 인하여 중심부에는 튜브 형태의 긴 통로가 생깁니다. 이것을 신경관이라고 하는데 태아 몸 전체에 뻗어 있습니다. 뇌가 될 부위에는 세 개의 큰 팽대부가 나타납니다. 전뇌, 중뇌, 후뇌가 될 이 팽대부들이 커지면서 신경관은 전체적으로 큰 머리를 가진 벌레와 같은 모양을 하게 됩니다. 태아가 자궁 내에 무사히 착상해서 잘 자랄 수 있도록 마음을 느긋하게 먹고 사물을 긍정적인 시각으로 보는 습관을 들여야 해요. 임신을 준비하고 있는 엄마라면 X선 촬영이나 약물 복용 때 항상 주의해야 합니다. 임신을 계획하고 있을 때부터 엽산이 많이 들어 있는 아스파라가스, 아보카도, 바나나, 콩, 브로콜리, 달걀노른자, 완두, 간, 시금치, 딸기, 요구르트 등을 먹는 것이 좋습니다.

김영훈 박사님의 주별 뇌태교 이야기

1 weeks

아기는요

수정란의 크기는 지름 0.2mm 정도. 수정란은 수정된 지 12~15시간이 지나면 세포분열을 시작합니다.

엄마는요

마지막 생리 첫날부터 14일 후인 배란기에 난소에서 배출된 난자는 나팔관 내에서 정자와 만나 수정됩니다. 선천성 기형에 대한 불안감을 없애고 싶다면 임신하기 전부터 엽산을 꾸준히 먹는 게 좋아요. 엽산은 비타민B로 척추, 뇌와 관련된 여러 가지 선천성 기형을 예방할 수 있습니다.

아빠는요

첫 임신이라면 설렘과 함께 두려움도 찾아옵니다. 출산 전 미리 육아와 관련된 책을 보면서 공부하며 엄마의 두려움을 덜어줍시다. 또 인터넷 육아 사이트에서 임신 출산에 대한 정보를 얻거나 선배 예비아빠의 경험담을 듣는 것도 하나의 방법일 수 있답니다.

2 weeks

아기는요

수정란이 나팔관을 통해 자궁으로 이동하면서 세포분열을 반복합니다. 이 시기는 아직 태아라고 부르지 않고 배아라고 부릅니다.

엄마는요

감기와 비슷한 증상이 나타나는데 으슬으슬 춥거나 열이 오르고 온몸이 나른합니다. 임신 초기의 나른함과 피로를 이겨내려면 적당한 스트레칭과 근력 운동이 필요합니다. 모든 운동은 자연스러운 호흡과 함께 하며, 각 동작의 경우 3~5회 반복 후 몸을 옆으로 돌려 눕습니다.

아빠는요

아빠와 함께 하는 적당한 운동은 엄마에게 분만을 이겨낼 힘을 길러주므로 임신 주기에 맞는 운동을 규칙적으로 합시다. 단, 운동 중 맥박은 140 이상을 넘지 않도록 자주 쉬어줍니다.

3 weeks

아기는요

뇌의 척수가 되는 신경관과 혈관계, 순환계가 생겨 심장 혈관에 혈액을 보내기 시작합니다. 이 시기 태아의 키는 약 0.2cm, 체중은 약 1g 미만으로 4개의 아가미에 긴 꼬리가 달린 물고기처럼 보입니다.

엄마는요

임신 3주에는 뇌세포가 분화되고 자라나기 때문에 이러한 외부 요인에 영향을 받을 수 있습니다. 임신 자각 증상도 없는 시기이므로 임신 가능성이 있다면 늘 조심해야 합니다. 담배를 피우거나 술을 마시고 있다면 끊어야 합니다. 자궁의 크기는 평상시대로 아직 달걀 크기만 하답니다.

아빠는요

엄마가 임신에 대한 부담감으로 예민해지고 감정의 기복이 심해질 수 있습니다. 아빠가 대화를 자주 하며 임신을 준비합니다. 아빠와 함께 임신 계획을 세워요.

4 weeks

아기는요

아직 사람의 모습을 갖추지는 않았지만 탯줄이 발달하기 시작합니다. 태반의 기초가 되는 밤송이 같은 부드러운 섬모조직이 태아를 둘러싸고 있습니다. 이때쯤이면 사과씨만 한 크기의 태아가 됩니다.

엄마는요

임신을 의심케 하는 증상들이 느껴집니다. 유방이 부은 듯 두껍게 느껴지며 속이 메스껍고 토할 것 같은 입덧 증상이 시작됩니다. 임신 전 식욕에 문제가 없다면 임신 초기부터 무리하게 열량을 늘릴 필요는 없습니다. 임신 초기에는 몸무게가 한 달에 약 450g 정도 늘어나는 게 정상입니다.

아빠는요

늦은 귀가나 잦은 손님 초대는 피합니다. 뿐만 아니라 아빠의 과음이나 외박 등도 임신부에게 스트레스를 주는 일이므로 가능하면 피하는 게 좋습니다.

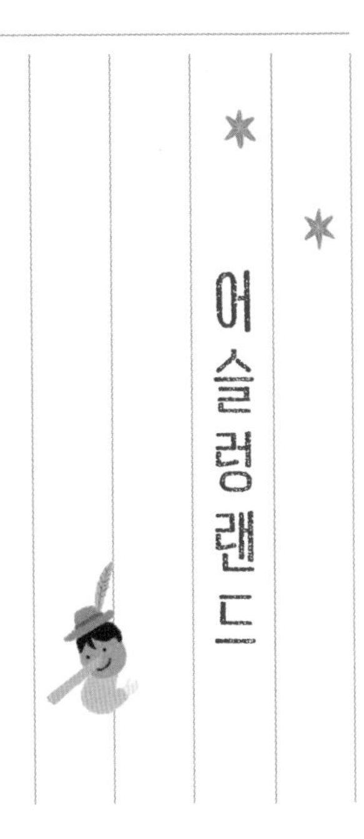

어슬렁랜드

동화작가를 꿈꾸던 시절이 있었습니다. 그땐 밤마다 불 꺼진 거리를 돌아다니는 게 일이었습니다. 이야기는 쓰고 싶은데 상상력이 말라버린 것 같아 늘 울적한 상태였죠.

그러던 어느 날, 한밤중에 장난감 가게 쇼윈도 앞에서 곰인형을 보았습니다. 테디라는 이름으로 잘 알려진 유명한 곰인형이었는데, 늘어지게 하품을 하고 있었습니다. 눈이 딱 마주치는 순간 둘 다 너무 놀라서 꼼짝도 하지 못했습니다.

봤니?

테디가 속삭였습니다. 나는 천천히 고개를 끄덕였습니다.

……봤구나.

테디는 마치 도둑질하다 들킨 것 같은 표정을 짓더니 쇼윈도 밖으로 뚜벅뚜벅 걸어서 나왔습니다. 그리고는 내게 고갯짓을 하는 것이었습니다.

갈까?

어딜 가?

테디는 말없이 내 팔을 잡아끌었습니다. 우리가 도착한 곳은 길모퉁이 서점 앞이었습니다. 입구에는 '이상한 나라의 앨리스'에 나오는 토끼 인형이 서 있었습니다. 테디가 고갯짓을 하자 토끼가 물었습니다.

옆에 누구야?

당첨자야.

당첨자? 억세게 운 좋은 친구로군.

테디와 토끼는 양쪽에서 내 팔을 잡고 또 어딘가로 향했습니다. 선물가게 앞에 피노키오가 서 있었습니다.

이봐, 당첨자가 나왔어.

테디와 토끼가 피노키오에게 말했습니다. 피노키오는 오랜만에 당첨자가 나왔다며 웃었습니다.

분식집, 유치원, 피자가게……. 여기저기 다니는 동안 일행이 점점 늘어났습니다. 피리 부는 사나이, 성냥팔이 소녀, 신데렐라, 피터팬, 장화 신은 고양이…….

일행이 마지막으로 도착한 곳은 놀이동산 입구였습니다. 커다란 문 위에 '어슬렁랜드'라는 간판과 함께 주의사항이 적혀 있었습니다.

1. 바쁘게 뛰어다니지 마시오.
2. 해야 할 일을 생각하지 마시오.
3. 아무 걱정하지 마시오.

잠시 후 문이 열리더니 동화 속 세상이 펼쳐졌습니다. 일행은 기다렸다는 듯이 안으로 들어갔습니다. 나도 일행에 휩쓸려 어슬렁랜드로 들어섰습니다.

어슬렁랜드는 상상하는 모든 것이 천연덕스럽게 펼쳐지는 곳이었습니다. 나는 피노키오를 따라 고래 배 속을 여행했고, 일곱 난쟁이들과 함께 노래를 부르며 숲을 돌아다녔습니다. 후크 선장이 내게 악어를 조심하라며 귀띔해주는가 하면 신밧드는 나를 마법 양탄자에 태워주기도 했습니다. 하늘엔 용이 날아다니고 내 머리 위에는 엄지공주와 장난감 병정이 캠프를 차려놓았습니다. 어슬렁랜드는 정말 쉴 새 없이 행복한 곳이었습니다.

그나저나 테디, 내가 어떻게 당첨된 거야?

내가 물었습니다.

내가 하품하는 걸 봤잖아. 인형이 하품하는 걸 볼 수 있는 사람은 거의 없거든.

해질 무렵, 우리는 허클베리 핀이 만든 뗏목을 타고 어슬렁랜드를 여행했습니다. 테디, 토끼, 피노키오, 피터팬……. 다들 꾸벅꾸벅 졸기 시작했습니다. 나도 멀어져가는 어슬렁랜드를 돌아보며 스르르 잠이 들었습니다.

눈을 떠보니 집이었습니다. 나는 벌떡 일어나 밖으로 달려 나갔습니다. 장난감 가게 쇼윈도 앞에 테디 베어가 서 있었습니다.

테디?

대답이 없었습니다. 몇 번이나 불러도 테디는 반응이 없었습니다. 가게 직원이 불안한 표정으로 나를 흘깃흘깃 쳐다봤습니다. 길모퉁이 서점에 서 있던 토끼도, 선물 가게의 피노키오도 그저 인형에 불과했습니다. 어슬렁랜드가 있던 자리에는 '아파트 신축 공사장'이라는 팻말만 붙어 있었습니다.

꿈이었구나.

시간이 갈수록 어슬렁랜드에 대한 기억도 차츰차츰 희미해져갔습니다. 나는 당첨자로서 누렸던 그날의 일들을 어떡하든 글로 남겨보려고 했지만 생활에 쫓겨 뜻을 이루지 못했습니다.

그 뒤로 나는 동화를 쓰며 살기가 만만치 않다는 것을 깨달았고, 어렵사리 직장을 얻었습니다. 그리고 사랑하는 사람을 만나 결혼을 하고 아이도 낳았습니다.

어느 날 퇴근하고 집에 들어와보니 잠든 아기 옆에 못 보던 인형이 앉아 있었습니다. 아내에게 물었습니다.

웬 인형이야?

아, 테디 베어? 당신이 주문한 거 아니에요?

주문? 난 주문 안 했는데?

에이, 잘 생각해봐요.

나는 고개를 갸웃거리며 다시 아기 방으로 들어갔습니다. 그때 아기 옆에 있던 테디 베어가 내게 윙크를 보냈습니다. 순간 옛 기억들이 한꺼번에 되살아나기 시작했습니다.

테디?

테디는 고개를 끄덕이더니 손가락으로 아기를 가리켰습니다.

이번엔 얘가 당첨됐어.

어떻게?

어제 얘가 유모차 타고 지나가다가 본 거야. 내가 하품하는 걸.

그럼 우리 아기도 어슬렁랜드에 갈 수 있는 거야?

당연하지. 오늘 밤에 출발해서 실컷 놀다 올 생각이야. 한동안 못 가봐서 다들 벼르고 있거든.

테디와 나는 소리 없이 쿡쿡 웃었습니다.

그날 밤부터였던 것 같습니다. 동화를 다시 쓰기 시작한 게.

마음의
놀이터를
만들어봐

언제든 가서 쉴 수 있고
언제든 가서 신나게 놀 수 있는 곳.
마음속에 그런 멋진 세상을 만들어볼까?

아무 걱정 없고,
해야 할 일도 없고,
하나도 바쁘지 않은 곳.

신나고 기쁘고 즐거운 일들이
얼마든지 펼쳐지는 상상의 마을을
만들어놔야 해.

하루에 한 번,
잠시라도 다녀올 수 있는
내 마음의 놀이터.

MY BABY

토토의 실

따다닥, 따다닥

딱따구리 한 마리가 나무를 쪼고 있습니다. 나무는 너무 간지러워 이파리를 파르르 떨었습니다. 딱따구리가 날아간 자리에는 하트 모양의 무늬가 새겨져 있었습니다.

다음 날 소년과 소녀가 숲에서 만났습니다. 소년은 하트 무늬가 새겨진 나무를 가리키며 소녀에게 말했습니다.

여기 내 마음이 새겨져 있네?

소년과 소녀는 손을 잡고 숲을 거닐었습니다.

나무는 어린 두 연인의 사랑을 오래도록 지켜보고 싶었습니다. 그리고 제 몸에 새겨진 무늬가 영원히 지워지지 않기를 바랐습니다. 하지만 소년과 소녀가 숲을 떠나고 얼마 안 있어 젊은 나무꾼이 나타났습니다. 두리번거리던 나무꾼의 눈에 하트가 새겨진 멋진 나무가 들어왔습니다. 나무꾼은 미소를 지으며 도끼를 꺼내 들었습니다.

잘려진 나무는 트럭에 실려 숲을 떠났습니다. 그리고 다시 여러 토막으로 나뉘어 곳곳으로 흩어졌습니다. 하트 무늬가 새겨진 나무토막은 어디로 갔을까? 아무도 모릅니다.

* * *

조용한 호수마을에 인형극이 한창입니다. 목각쟁이 노인이 실을 당길 때마다 목각인형 토토는 깡충깡충 재주를 넘고, 빙글빙글 춤을 춥니다. 토토의 몸에는 실이 많이 달려 있어 아주 작은 동작까지 표현할 수 있습니다. 씰룩씰룩 엉덩이춤은 물론이고, 슬픈 연기를 할 때면 눈꺼풀까지 파르르 떨리곤 합니다. 꼬마 관객들이 박수를 치고 토토는 사람처럼 고개를 끄덕이며 인사합니다.

토토야, 오늘도 참 잘했구나.

공연이 끝나면 노인은 토토를 앞에 앉혀놓고 늦은 저녁을 먹습니다.

노인과 토토는 오래전부터 쭉 이렇게 떠돌아다녔습니다. 처음 몇 년 동안 토토의 인기는 정말 최고였습니다. 하지만 시간이 갈수록 관객이 점점 줄었습니다. 인형극 말고도 재미있는 것들이 넘쳐났기 때문입니다.

이제 슬슬 그만둘 때가 온 것 같구나, 토토야.

노인은 토토의 가슴을 쓰다듬으며 한숨을 쉬었습니다. 토토 가슴에 새겨진 하트 무늬도 이제는 세월에 쓸려 희미해진 지 오래입니다.

어느 날 노인은 인형극에 쓰이던 도구들을 커다란 박스에 담아 창고에 넣었습니다. 거기엔 토토도 들어 있었습니다.

나가고 싶어. 혼자 있기 싫어.

하지만 토토는 움직일 수 없었습니다. 누가 실을 당겨주기 전까지는.

쪽창으로 별빛이 새어들었습니다.

저 중에 내 별도 있을까?

밤하늘엔 별들이 셀 수 없이 많지만 목각인형의 별은 어디에도 없을 것만 같았습니다. 그때 별들이 속삭였습니다.

토토, 일어나.

안 돼. 난 움직일 수…… 어?

토토의 몸이 움직였습니다. 별들이 토토의 몸에 달려 있던 실들을 당겨주고 있었습니다. 토토는 박스에서 기어 나와 창고 밖으로 나갔습니다. 별들이 재잘거리며 실을 당기자 토토는 폴짝폴짝 춤을 추기 시작했습니다.

토토, 이제부터 뭘 할 거니?

별들이 물었습니다.

친구를 만나고 싶어. 내 곁에 오래오래 있어줄 친구가 필요해.

그런 친구는 너 스스로 찾아야 돼. 우리는 실만 당겨줄 뿐이야.

토토는 그렇게 길을 떠났습니다.

밤새 들판을 가로질러 걸었지만 토토는 피곤한 줄 몰랐습니다. 처음 보는 바깥세상이 그저 신기할 뿐입니다.

토토는 사슴도 만나고 토끼도 만났습니다.

안녕, 난 토토라고 해. 내 친구가 되어줄래?

그건 좀 곤란해. 우린 실을 당겨줄 수 없거든.

토토는 약간 실망했지만 계속해서 길을 걸었습니다.

토토, 이제 우린 좀 쉬어야 돼.

날이 밝아오자 별들이 말했습니다. 토토는 어쩔 수 없이 바위틈에 앉아 별이 뜨기만을 기다려야 했습니다. 그때 멀리서 바람이 불어왔습니다.

토토, 내가 실을 당겨줄게.

바람 덕분에 다시 여행이 시작되었습니다. 토토는 높은 산을 넘고 계곡을 지나 점점 먼 곳으로 나아갔습니다. 바람이 불지 않는 날에는 새들이 실을 당겨주었습니다.

도시를 지나간 적도 있습니다. 하지만 거기서도 친구를 찾지는 못했습니다. 꼬마 녀석들이 토토를 잠깐 갖고 놀다가 놀이터에 버리고 간 게 전부입니다.

어딘가 꼭 있을 거야. 내 곁에 오래오래 있어줄 친구가.

토토는 희망을 잃지 않으려고 춤을 추었습니다.

* * *

어느새 첫눈이 내리기 시작했습니다.

토토, 우린 이제 남쪽으로 날아가야 돼.

토토의 실을 당겨주던 새들이 말했습니다.

꼭 가야 돼? 우리 헤어지는 거야?

미안해. 하지만 내년 봄에 꼭 다시 만나자.

새들은 토토와 작별인사를 나누고 멀리 날아갔습니다.

토토는 별들이 실을 당겨줄 때까지 차가운 눈밭에서 기다리기로 했습니다. 그때 어디선가 늙은 나무꾼이 나타났습니다.

옳지. 여기 땔감이 있구나.

나무꾼은 토토를 주워 들더니 실을 뚝뚝 떼어버렸습니다. 그리고는 짐칸에 휙 던져놓고 트럭을 몰았습니다. 짐칸에는 토토 말고도 크고 작은 땔감들이 잔뜩 실려 있었습니다.

이상하게 생긴 나무토막이네. 어쩌다 잡혀왔니?

다른 땔감들이 물었습니다. 토토는 지금까지 있었던 일들을 다 들려주었습니다. 땔감들은 혀를 차며 한 마디씩 중얼거렸습니다.

쯧쯧, 실까지 다 뜯겼으니 이제 영영 못 움직이겠구나.

게다가 이제 곧 난로에 들어갈 텐데, 쯧쯧.

그때였습니다. 비탈길을 내달리던 트럭이 기우뚱하는 바람에 짐칸에 실려 있던 땔감들이 와르르 쏟아진 것입니다. 땔감들은 데굴데굴 굴러 강으로 떨어졌습니다.

토토, 넌 운이 좋은 녀석이구나. 덕분에 우리도 탈출했어. 넌 꼭 친구를 찾게 될 거야. 희망을 잃지 마!

땔감들은 제각기 둥실둥실 흩어졌습니다. 토토도 강물에 실려 한없이 떠내려갔습니다.

강이 얼기 시작할 무렵이 되어서야 토토는 어느 강기슭에 도착했습니다. 그리고 조금씩 얼어붙기 시작했습니다. 눈이 내리고 겨울이 깊어갔습니다.

다시 봄바람이 불고 얼음이 녹기 시작했습니다. 남쪽으로 날아갔던 새들이 돌아와 토토에게 다가왔습니다.

토토, 우리가 왔어. 이제 우리가 실을 당겨줄게.

이젠 그럴 수 없어. 실이 없어졌거든.

새들은 슬퍼하며 한나절을 위에서 빙빙 맴돌다가 떠났습니다. 새들이 가고 난 다음 어디선가 늙은 개 한 마리가 나타났습니다.

개는 토토의 얼굴을 핥고 킁킁거리더니 갑자기 덥석 물었습니다. 그리고는 강기슭 저편에 있는 아담한 통나무집으로 달려갔습니다. 통나무집에는 어느 부부가 살고 있었습니다.

라르고, 또 뭘 물어 왔니? 어머, 목각인형이네?

오두막집 부인은 토토를 깨끗하게 씻어 난롯가에 말렸습니다. 날이 어두워지자 남편이 들어왔습니다.

어, 목각인형이잖아? 요즘도 저런 인형이 다 있네.

라르고가 물어 왔어요.

너무 낡은 거 아니야?

이상해요. 왠지 낯익은 느낌이에요. 나중에 아기가 태어나면 잘 갖고 놀겠죠?

남편은 대답이 없었습니다. 갑자기 집 안이 조용해졌습니다.

* * *

부인은 볕이 잘 드는 창가에 토토를 앉혀놓았습니다. 토토는 집 안 풍경과 창밖 풍경을 모두 볼 수 있었습니다. 부부는 언제나 손을 꼭 잡고 강기슭을 거닐며 이야기를 나누었습니다. 그리고 밤이 되면 라르고와 함께 거실에 앉아 음악을 듣거나 책을 읽었습니다. 조용하고 평화로운 집이었습니다.

이 집에 오래오래 머물고 싶어. 아니, 영영 떠나지 않을 테야.

토토는 부부의 사랑을 오래도록 지켜보고 싶었습니다.

혼자 있을 때 부인은 아이처럼 토토를 갖고 놀았습니다.

넌 누가 만들었니? 어쩌다 여기까지 왔니?

부인은 손가락으로 토토를 쓰담쓰담하면서 소곤거렸습니다.

그런 어느 날, 토토의 가슴팍을 만지작거리던 부인이 갑자기 멈칫했습니다. 토토의 가슴에 새겨져 있던 하트 무늬는 이미 사라진 지 오래였습니다. 하지만 부인은 손끝에 전해지는 미세한 감촉을 느낄 수 있었습니다.

어머, 꼭 하트 무늬 같구나.

부인은 토토를 품에 꼭 껴안았습니다. 토토는 그 품에 오래도록 안겨 있고 싶었습니다. 참 따뜻하고 포근한 느낌이었습니다. 그런데 갑자기 졸음이 몰려오더니 토토의 눈이 스르르 감겼습니다. 생각해보니 이제껏 한숨도 자본 적이 없었습니다. 잠은커녕 졸음도 느껴보지 못한 토토였습니다. 하지만 부인의 품에 안기자마자 졸음이 한꺼번에 몰려온 것입니다.

……토토는 깊은 잠에 빠져들었습니다.

얼마나 오래 잠들었을까?

눈을 떠보니 사방이 캄캄했습니다. 하지만 두렵지 않았습니다. 혼자라는 느낌도 들지 않았습니다. 그때 어디선가 부인의 목소리가 들려왔습니다. 토토는 부인의 다정한 음성을 들으며 다시 스르르 눈을 감았습니다.

아가야, 엄마가 재미있는 얘기 들려줄까?

옛날에 엄마가 아빠를 만났을 때 얘기야. 그땐 우리 둘 다 어렸어. 아빠는 틈만 나면 엄마 손을 잡고 숲길을 걸었단다. 그런데 하루는 아빠가 아주 멋진 나무를 발견했지 뭐니. 하트 무늬가 새겨진 나무였어. 그 나무 아래에서 엄마한테 사랑 고백을 한 거야.

……그런데 그 나무는 어떻게 됐을까?

그해 늦가을, 강기슭에 있는 아담한 오두막집에 아기 울음소리가 울려 퍼졌습니다. 오랫동안 간절히 기다리던 늦둥이가 태어난 것입니다. 오두막 하늘 위로 새들이 날고 산들바람이 불어오고 별들이 반짝이기 시작했습니다.

작은 침대 위에 나란히 누워 있는 아기와 목각인형은 쌍둥이처럼 닮아 있었습니다.

보이지
않는 실을
믿어봐

누구에게나 보이지 않는 실이 있어.
꿈을 꾸고
꿈을 향해 일어설 때
별과 바람, 해와 달이 실을 당겨줄 거야.

네 꿈이 닿는 곳으로
너의 몸과 너의 마음을
보이지 않는 실들이 이끌어줄 거야.

스스로 끊지 않는 한
그 실은 절대 끊어지지 않아.

2

CHAPTER

임신 2개월 뇌태교

• 5~8주 •

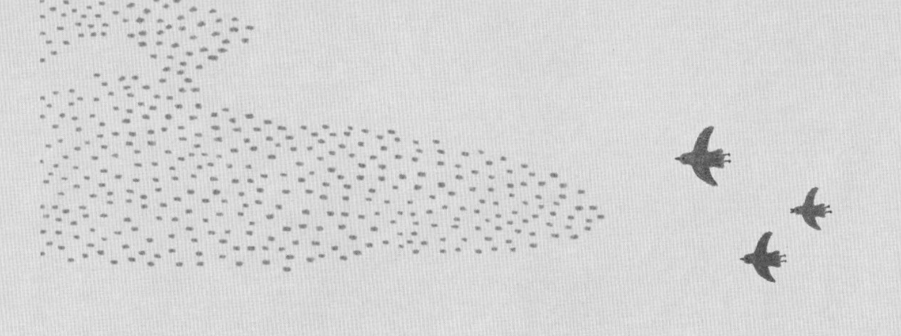

임신 7주가 되면 좌뇌와 우뇌가 형성되고, 임신 8주가 되면 본능의 뇌인 뇌교, 연수, 소뇌, 시상, 기저핵, 정서의 뇌인 변연계, 이성의 뇌인 대뇌피질이 만들어집니다. 이때 12쌍의 뇌신경들이 나타나 앞으로 눈, 귀, 코, 입 그리고 몸의 다른 여러 부위에서 얻은 감각 정보와 운동 정보를 뇌로 전하는 역할을 하게 됩니다. 뇌에 있는 뉴런의 80%가 이 시기에 분화됩니다. 임신 11주가 되면 태아의 척수는 거의 완성되어 태아가 몸을 움직이는 것이 가능해집니다. 엄마가 지속적으로 스트레스에 노출되면 스트레스 신경전달물질인 에피네프린이 자궁근육을 수축시켜 태아에게 공급되는 혈류량을 떨어뜨리므로 엄마의 안정이 중요합니다. 일부 기침약과 수면제는 기형을 일으킬 수 있으므로 의사의 처방을 받아서 사용하도록 하세요. 혹시 아직도 흡연 중인 아빠가 있다면 이 시기에 꼭 담배를 끊어야 합니다!

김영훈 박사님의 주별 뇌태교 이야기

5 weeks

아기는요

초음파를 통해 임신낭이 보입니다. 태아의 머리, 근육, 뼈, 심장, 간장, 위 등이 형성되기 시작합니다. 세포분열이 빠르게 진행되는 시기로 뇌와 척수가 형성되기 시작합니다.

엄마는요

이른 아침이나 빈속일 때 입덧 증세가 심해집니다. 화장실에 가는 횟수도 늘고 태반이 성장하면서 양수도 늘어납니다. 임신부가 좋아하는 음식을 조금씩 수시로 먹어 속이 비지 않도록 하되 가급적 냄새가 별로 없는 음식을 선택할 필요가 있습니다. 우유 같은 음료를 준비해둡시다.

아빠는요

아빠는 엄마의 임신 사실을 기뻐하는 것이 중요해요. 아빠의 기뻐하는 모습을 통해 엄마는 태아의 존재를 소중하고 감사하게 여기게 됩니다. 꽃이나 편지 등 태교를 위한 선물을 하는 것도 좋습니다. 술과 담배를 끊고 태교 계획을 세웁시다.

6 weeks

아기는요

이제 1cm 정도의 씨앗만 한 크기로 자란 태아는 뇌와 척수를 연결할 신경관이 만들어지는 등 주요 기관이 자라기 시작합니다. 이 시기가 지나면 양귀비 씨앗보다 작은 태아의 심장이 박동을 시작합니다. 심장 혈관에서 온몸에 혈액을 보내는 능력이 생긴 것입니다.

엄마는요

호르몬의 영향으로 자궁으로 가는 혈액의 양이 늘어나고 대사작용이 활발해집니다. 탄닌이 많이 든 도토리묵, 떫은 감, 녹차 등의 식품을 피하고 빈혈을 개선해줄 수 있는 동물의 간과 콩팥, 생굴 및 조개류, 김 등을 많이 먹도록 하며, 정어리나 꽁치 등을 많이 먹도록 합시다.

아빠는요

임신부는 임신에 따른 신체 변화나 분만에 대한 두려움 등으로 이유 없이 짜증을 내거나 변덕을 부리는 등 감정이 불안정합니다. 이러한 행동을 자연스럽게 받아들이고 풀어줍시다.

7 weeks

아기는요

마치 올챙이 같은 모습에서 사람의 형태를 갖춘 2등신이 되어갑니다. 머리, 몸체, 팔, 다리 형태가 구분되며 뇌가 급속도로 발달하기 시작합니다. 뇌의 신경세포의 80%가 이 시기에 분화됩니다. 손가락과 발가락이 생기고 아주 희미하긴 하지만 눈, 코, 귀, 입 등도 커집니다.

엄마는요

임신하면 융모성성선자극호르몬이 분비되어 골반 주위로 혈액이 몰립니다. 혈액이 방광을 자극하며 거위알만 해진 자궁이 방광을 눌러 소변의 횟수를 늘립니다. 아랫배에 약간의 통증이나 불편함이 있을 수 있고 프로게스테론의 영향으로 장의 움직임이 둔해져 변비에 걸리기 쉽습니다.

아빠는요

엄마가 기분이 좋으면 태아도 긴장을 풀고 안정되고 엄마가 화를 내거나 슬픈 마음이면 태아에게도 전달됩니다. 엄마와 함께 태교 계획을 세우고, 임신과 출산에 관한 공부도 시작합시다.

8 weeks

아기는요

아직 꼬리가 있는데, 몇 주 내로 사라집니다. 심장과 뇌는 더욱 복잡해지고 눈꺼풀이 생깁니다. 코끝 또한 생겨 오뚝해집니다. 근육도 발달하고 뼈의 중심이 만들어집니다. 내장기관도 형태가 생깁니다.

엄마는요

유방은 더욱 커지며 단단해지고 무거워집니다. 온몸이 나른하고 기운이 없으며 졸음이 쏟아지는데 곧 가라앉는 증상입니다. 지나치게 진동을 주거나 움직이는 운동은 피하는 것이 좋습니다. 오래 서 있거나 서서 하는 운동도 지나치게 하지 않는 게 좋습니다.

아빠는요

아내를 심리적으로 안정시키기 위해 집에 자주 전화하고 일찍 귀가하며 집안일에 적극 동참합시다. 입덧하는 아내를 위해 요리를 해주거나 맛있는 음식점에 데리고 가는 것도 좋습니다. 임신 초기에는 유산의 위험이 높으므로 부부관계 시 체위 선택에 주의를 기울여야 합니다.

저기 저 하늘 좀 봐.

맑은 날에 잘 보면 하늘 저편에 구름 마을이 보일 거야.

구름 마을에는 마음 물고기를 낚는 낚시꾼들이 살고 있단다.

낚시꾼들은 날마다 구름 낚시터에 앉아 기다란 낚싯대로 부지런히 고기를 낚아.

"오늘은 어떤 녀석들이 잡힐까?"

하늘에는 인간 세상에서 태어난 수많은 마음들이 물고기처럼 둥실 둥실 떠다니고 있어. 하지만 낚시꾼들이 꼭 잡고 싶어 하는 월척은 그리 흔치 않단다. '사랑'이나 '희망' 같은 월척들은 아주 운 좋은 날에만 잡을 수 있어.

* * *

낚시꾼 보보는 벌써 며칠째 허탕이야.

암만 기다려도 입질은 오지 않고, 이따금 낚여 올라오는 것들마저 '미움'이나 '실망', '포기' 같은 녀석들뿐이거든. 이런 고기들이 잡힐 때마다 보보는 점점 우울해져. 왜냐하면 그런 고기들이 잡힐수록 구름 색깔이 점점 어두워지기 때문이야.

낚시꾼들이라면 누구나 새하얗고 푹신푹신한 구름에서 살고 싶어 해. 그래서 날마다 열심히 낚시질을 하는 거야.

엊그젠가 이웃 구름 낚시꾼이 '환희'라는 고기를 낚아 올렸을 때 보보는 어찌나 부럽고 샘이 나는지 밤새 잠을 설쳤어.

'아, 나는 언제쯤 저런 말들을 잡아볼 수 있을까?'

이웃 구름은 날마다 하얗게 변하는데, 보보는 여전히 시커먼 먹구름

위에 앉아 있어.

그런 어느 날, 보보에게도 낚시 여신의 손길이 닿기 시작했어.

아침부터 '설렘'이라는 고기를 낚아 올렸거든.

"좋아, 좋아! 이 정도면 아주 훌륭해! 드디어 입질이 오기 시작했구나!"

보보는 방금 잡은 싱싱한 고기를 살림망에 넣으며 '야호' 하고 소리쳤어. 보보가 앉아 있는 시커먼 먹구름도 살짝 밝아졌지.

* * *

그날부터 일주일 동안 보보는 '시원함', '쾌적함', '포만감' 같은 고기들을 계속해서 낚아 올렸어. 덕분에 먹구름도 어느새 연한 회색빛으로 변했단다. 하지만 이웃 구름처럼 새하얗고 폭신폭신해지려면 아직 멀었어.

"두고 봐. 언젠가는 세상에서 제일 하얗고 아름다운 구름에서 살게 될 테니까!"

보보는 낚싯대를 꽉 움켜쥐었어. 그리고는 낚싯바늘을 좀 더 멀리 던지려고 팔을 크게 휘둘렀단다.

그런데…….

"으악! 어떡하지? 이걸 어째?"

보보는 비명을 질렀어.

몸을 너무 크게 움직이는 바람에 살림망이 그만 구름 아래로 떨어졌지 뭐야. 그동안 애써 잡은 고기들도 죄다 허공으로 흩어지고 말았어.

"안 돼, 안 돼!"

보보는 구름 아래를 내려다보며 소리쳤어. 하지만 이미 달아난 고기들을 다시 주워 담을 수는 없잖아.

이제 보보는 낚시할 마음이 싹 사라졌어.

잡았다 놓친 고기들이 며칠째 눈앞에 어른거리기만 할 뿐이야. 하지만 언제까지 그러고 있을 수만은 없잖아. 아무것도 낚지 않으면 구름이 아주 시커멓게 변할 테니까 말이야.

결국 보보는 다시 낚싯대를 드리웠어. 아픈 기억을 빨리 잊고 처음부터 새로 시작하기로 한 거야.

아니 그런데 이게 웬일?

낚시를 시작하자마자 대번에 '새싹'이라는 고기가 걸려들지 뭐야.

곧이어 '맑음', '기대', '자신감' 같은 고기들이 계속해서 걸려 올라왔어. 보보는 이게 대체 무슨 일인가 싶었어.

낚싯대를 드리우기만 하면 바로바로 입질이 온단 말이야. 게다가 잡힌 말들도 하나같이 싱싱하고 멋진 녀석들이었거든.

* * *

그날 저녁 보보의 살림망에는 수많은 고기들이 가득 담겼어.

별처럼 반짝반짝 빛나는 고기들 중에서도 가장 빛나는 녀석은 역시 '사랑'이었지. 그토록 잡아보고 싶었던 '희망'이란 고기도 보보의 살림망에 담겨 있었어.

그때 이웃 구름 낚시꾼이 보보에게 소리쳤어.

"이보게 보보! 자네 구름이 아주 근사하군 그래!"

그러고 보니 보보의 먹구름이 어느새 이웃 구름보다 훨씬 하얗고 푹신푹신한 구름으로 변해 있네?

보보는 기뻐서 어쩔 줄 몰랐어.

그 모습을 바라보던 이웃 구름 낚시꾼이 껄껄 웃으며 말했어.

"자네도 이제 밑밥을 제대로 쓸 줄 알게 됐군. 축하하네!"

그제야 보보는 옛 낚시꾼들이 해준 이야기들이 생각났어.

좋은 고기를 잡으려면 밑밥을 아끼지 말아야 한다, 월척을 낚으려면 좋은 미끼를 써야 한다, 뭐 이런 얘기들 말이야.

맞아, 전에 잡았다 놓친 고기들이 그냥 사라진 게 아니었어. 다들 좋은 밑밥이 되어 더 크고 멋진 고기들을 불러온 거야. 작은 즐거움들이 쌓여 큰 행복이 되는 것처럼 말이야.

오늘은
어떤 감정을
낚아볼까?

아침에 눈을 뜨면
일어나기 전에 마음 낚시부터 해보는 거야.
오늘은 어떤 감정을 낚아볼까?

슬픔, 미움, 따분함보다
이왕이면
설렘, 기쁨, 사랑, 행복을 낚아 올려봐.
펄펄 뛰는 그 느낌으로
하루를 신나게 사는 거야.

그리고 잠들기 전에
오늘 하루 누렸던 그 느낌들을
마음 곳곳에 살살 뿌려두는 거야.
내일 아침 더 큰 행복을 낚을 수 있게.

막내의 취향

주인 없이 떠돌아다니던 개가 어느 날 새끼 세 마리를 낳았어. 얼마나 놀랐는지 몰라.

"아이구야, 셋씩이나 낳아버렸네."

하루하루 먹잇감 구하기도 벅찬 마당에 새끼들까지 키우게 됐으니 기가 막히잖아. 그래도 어미 개는 모성이 남달랐어. 새끼들이 제 앞가림을 할 수 있을 때까지 어떡하든 잘 키워보기로 한 거야.

어미는 뒷산 바위틈에 아담한 보금자리를 마련했어. 그리고는 하루 종일 마을 구석구석을 돌아다니며 먹이를 구했지. 녀석들 먹성이 어찌나 좋은지 잠시도 쉴 틈이 없잖아. 먹다 버린 햄버거, 밀가루만 남은 핫도그, 옆구리 터진 김밥 따위를 먹으며 강아지들은 무럭무럭 자랐어.

* * *

강아지들이 어느 정도 컸을 때쯤 어미는 본격적으로 생존 교육을 시작했어. 거칠고 험한 세상에서 잘 살아남는 법을 하나하나 가르쳐주기로 한 거야.

"얘들아, 잘 들어. 먹이 걱정 없이 살려면 뭐니 뭐니 해도 주인을 잘 만나야 해."

"어떤 주인이 좋은 주인이에요?" 첫째가 물었어.

"좋은 주인은 냄새부터 다르지. 음, 그러니까 부자 냄새랄까? 그런 주인을 만나면 고기 통조림이나 값비싼 사료도 실컷 먹을 수 있단다."

강아지들은 입맛을 쩝쩝 다셨어.

"일단 좋은 주인을 만나면 재롱을 잘 떨어야겠지? 그렇다고 다짜고짜 꼬리 흔들고 그러면 안 돼. 살짝 시크한 척하다가 결정적일 때 폭풍 재롱을 떠는 거야."

어미는 강아지들한테 재롱 시범을 보인 다음 차례차례 실습을 시켜 봤어. 첫째, 둘째는 용케 잘 따라했지. 그런데 문제는 막내야, 막내.

"엄마가 그렇게 하든? 꼬리는 왜 안 흔들어? 눈빛은 왜 그 모양이야? 애처로운 눈빛 몰라?"

아무리 꾸짖고 호통 쳐도 소용이 없어. 위로 두 마리는 나날이 발전하는데 막내는 전혀 나아질 기미가 안 보인단 말이야. 어미는 걱정이 태산 같아.

* * *

"자, 오늘은 실전이다. 저 사람들 중에 누가 부자인지 냄새를 잘 맡고 따라가보는 거야."

어미는 강아지들을 마을 광장으로 한 마리씩 보냈어. 그리고는 어떻게 하는지 멀리서 지켜보기로 한 거야.

킁킁, 킁킁, 첫째는 멋진 스포츠카에서 내리는 사람을 골랐고, 둘째는 그럭저럭 부티 나는 아주머니를 골랐지. 그런데 막내는 어땠을까?

"아이고, 저 녀석을 어떡한담?"

어미는 한숨을 푹푹 내쉬었어. 글쎄 기껏 고른 사람이 하필이면 환자복 입은 노인이잖아. 지팡이 짚고 한 걸음, 한 걸음 힘겹게 걷고 있는 노인을 고른 거야.

어미는 강아지들을 데리고 다시 보금자리로 돌아왔어. 돌아오는 내내 막내한테 잔소리를 퍼부어댔겠지.

"냄새 못 맡니? 냄새 못 맡아? 어떻게 된 애가 병원 냄새를 다 쫓아가니? 게다가 아픈 노인네를 골라? 어휴, 속 터져."

그날 밤에도 어미의 교육은 계속됐어.

"짖을 때와 짖지 말아야 할 때를 잘 분간해야 돼. 자칫하다간 쫓겨날 수도 있어. 대소변 가리는 건 기본이지. 그리고 오로지 주인만을 위해 충성하는 척해야 돼. 누가 뭐래도 난 당신만 따르겠다는 표시를 자주 해야 되는 거야."

그러면서도 어미는 여전히 막내가 걸려. 암만 얘기해도 당최 알아듣지 못하는 표정이거든. 재롱도 엉망인 데다 냄새는 아예 못 맡는 것 같단 말이야. 개가 냄새를 잘 못 맡으면 그게 어디 개냐고.

* * *

어쨌거나 시간은 흐르고 이제 강아지들이 각자 주인을 찾아 떠나야 할 때가 왔어. 언제까지 어미 곁에서 살 순 없잖아.

"자, 이제 너희들 각자의 삶을 살아가야 해. 엄마가 가르쳐준 대로만 하면 다 잘될 거야."

어미는 애들 얼굴을 하나하나 핥아주며 작별인사를 나눴어. 그러면서 막내한테는 특별히 이런 말을 남겼지.

"하다하다 정 힘들면 그땐 엄마한테 돌아오렴. 나쁜 주인 만나서 매 맞고 굶주릴 바엔 엄마랑 같이 사는 게 나을 거야. 알았지?"

"예, 엄마."

막내는 늘 그렇듯이 귀염성 없게 대답하고는 킁킁거리며 마을로 향했어. 막내 뒷모습을 바라보는 어미의 표정은 그저 불안불안하기만 해.

'녀석들이 주인을 잘 만났을까? 어디서 매 맞거나 버려지거나 굶고 있는 건 아닐까?'

어미는 며칠 밤낮으로 강아지들 걱정뿐이야. 솔직히 영리한 첫째와 재롱둥이 둘째는 별로 걱정이 안 돼. 막내가 눈에 밟힐 뿐이지. 어미는 밤마다 빌었어.

'부디 잘 살아라. 어떡하든 주인 잘 만나서 배불리 먹고 사랑 듬뿍 받으며 행복하게 살아라.'

* * *

강아지들이 잘 살고 있는지 우선 첫째부터 볼까? 녀석은 부자 냄새를 기막히게 잘 맡았어. 으리으리하게 큰 집에 용케 들어가 살게 됐지. 주인도 처음엔 길에서 주운 개라며 달갑지 않게 여겼지만, 알다시피 첫째가 교육만큼은 엄청 잘 받았잖아. 눈치 없이 큰 소리로 짖는 일도 없고, 아무 데나 배변을 하지도 않는단 말이야. 주인은 근본 있는 개라며 첫째를 키우기로 했어. 물론 식구들끼리 해외여행을 떠날 때면 혼자 며칠씩 집을 지켜야 했지만 그래도 굶는 일은 없었지. 굶지만 않는다면 쓸쓸한 것쯤이야 얼마든지 참을 수 있잖아.

둘째는 시내에서 꽤 잘 나가는 레스토랑 여주인을 골랐어. 화사한 차림에 얼굴도 참 예뻤지. 이 사람이다 싶은 생각이 들자마자 둘째는 폭풍 재롱을 떨었어. 한없이 애처로운 눈빛을 보내면서 말이야. 여주인은 잠깐 망설이다 둘째를 살짝 안아 올렸어. 그때부터 여주인의 애완견으로 살게 된 거야. 값비싼 사료에 애견 장난감은 기본이었지. 다만 여주인이 친구들이랑 수다 떠는 걸 너무 좋아해서 하루 종일 소파 밑에 쪼그리고 있어야 하는 게 좀 따분할 뿐이야. 밖에 나가 신나게 뛰어다니고 싶은 마음을 꾹꾹 참아야 했지만 그래도 굶지 않는 게 어디야.

그럼 막내는 어떤 주인을 만났을까?

만나긴 누굴 만나. 며칠 동안 여기저기 떠돌아다니기만 했지. 냄새도 잘 못 맡는 주제에 연신 킁킁대면서 말이야. 온데 사방 킁킁거리다가 만난 사람이 하필이면 웬 술주정뱅이였어. 공원 벤치에 잠들어 있던 술주정뱅이의 품을 파고든 거야. 술주정뱅이는 잠결에 막내를 꼭 끌어안았고, 막내는 그렇게 술주정뱅이의 품에서 하룻밤을 지냈어. 서로서로 체온을 나누면서 말이야.

놀이터 그네에 혼자 앉아 있는 아이를 만나기도 했어. 엄마한테 혼이 났는지 울먹울먹하고 있던 아이 곁에 슬그머니 다가간 거야. 막내는 놀이터에서 그 아이랑 한나절을 보냈어. 또 한번은 길 잃은 여행자를 졸졸 따라다니기도 했지. 덕분에 여행자는 혼자라는 기분을 잠시 잊을 수 있었어.

* * *

아주 짧은 만남이지만 그래도 막내는 참 많은 사람들과 만나고 헤어졌어. 새벽에 거리를 청소하는 환경미화원을 만나기도 하고, 버스 정류장에서 아빠를 기다리는 소녀를 만나기도 했지. 이따금 누가 던져주는 음식을 받아 먹기도 했지만 그렇다고 꼬리를 흔들거나 재롱을 부리진 않았어. 알다시피 막내는 그런 재주가 없잖아.

어느 날 막내는 웬 할아버지를 따라다니기 시작했어. 할아버지는 매일 아침마다 지팡이를 짚고 걸었는데, 가만 보니 예전에 환자복을 입고 걷던 그 노인네야.

할아버지가 앉아 쉬면 막내도 발치에 엎드려 쉬고, 할아버지가 다시 걸으면 막내도 벌떡 일어나 함께 걸었지. 가끔 자전거가 할아버지 곁을 아슬아슬하게 스쳐 지나갈 때면 막내는 멍멍 짖어대며 경고를 하기도 했어.

내내 무심한 척 걷기만 하던 할아버지가 드디어 막내를 안아 올렸어. 그리고는 막내의 눈을 뚫어져라 보다가 이렇게 중얼거렸지.

"그놈 참 고집스럽게도 생겼다."

* * *

할아버지는 막내를 동물병원에 데려가서 온갖 진단을 다 받게 해줬어. 또 애견 미용실에 들러 목욕도 시키고 털도 예쁘게 다듬어줬지. 그런 다음 막내를 품에 안고 집으로 데려갔어. 작은 마당이 있는 아담한 집이야.

"할아버지! 우리 강아지 키우는 거야?"

손자, 손녀들이 쪼르르 달려왔어. 다섯 살 여자 아이와 세 살 남자 아이, 그리고 이제 막 걷기 시작한 아기까지 셋이야, 셋. 안고 쓰다듬고 입맞추고 얼마나 좋아하는지 몰라.

* * *

"아버님, 어디서 데려온 강아지예요?"

애들 부모가 물었겠지. 할아버지는 웃으며 대답했어.

"예전부터 쭉 알고 지내던 녀석이야. 다른 건 모르겠고 냄새 하난 잘 맡는 건 같더구먼."

"냄새야 당연히 잘 맡겠죠. 개들이 원래 그렇잖아요."

"아니, 그런 냄새 말고. 사람 냄새."

"사람 냄새요?"

"응, 저 녀석이 글쎄 사람의 마음 냄새를 용케 잘 맡는 것 같아."

"에이, 설마요."

막내는 마당 한쪽에서 아이들과 놀기 시작했어. 그런데 참 신기하지? 막내가 꼬리를 막 흔들잖아. 어미한테 그렇게 혼나면서도 흔들지 않던 꼬리를 아주 신나게 살랑살랑 흔들어대는 거야. 평생 함께 지낼 주인을 만났으니 자기도 기쁘긴 기쁜 모양이야.

마음에도 냄새가 있다면

쿵쿵, 너 외롭구나?
쿵쿵, 너 슬프구나?
쿵쿵, 너 그립구나?

마음에도 냄새가 있다면
네 마음의 냄새는
멀리서도 맡을 수 있어.

멀리 떨어져 있어도
보이지 않아도
바람결에 숨어 있는 너의 냄새를
얼마든지 맡을 수 있어.

3

CHAPTER

임신 3개월 뇌태교

• 9~12주 •

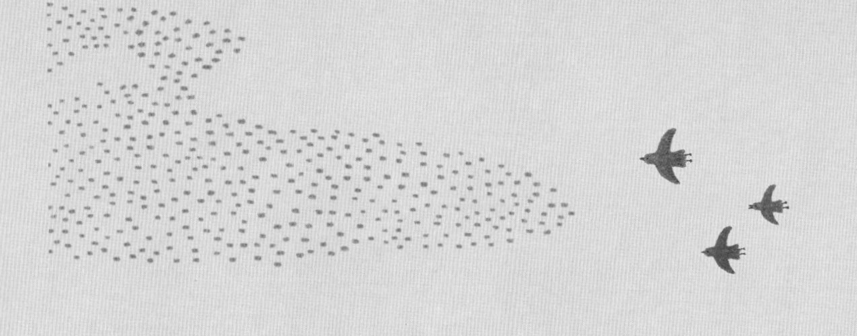

임신 10주가 되면 진정한 의미의 태아라고 할 수 있습니다. 태아에겐 긴 손가락과 짧은 발가락, 정면을 향하는 눈이 생기고, 뒤에 달려 있던 꼬리는 사라지고 없습니다. 마침내 인간의 모습을 갖춘 것이지요. 태아는 외부의 자극을 차츰 기억하게 되는데 아직 성인과 같은 기억력이라고 할 수는 없지만, 엄마의 행동에 의해 어떤 자극을 받게 되면 그것이 뇌에 전달되어 흔적을 남기게 됩니다. 그렇기 때문에, 이 시기에 엄마는 술이나 담배를 절대 입에 대서는 안 됩니다. 또한 스트레스를 받지 않도록 해야 하고, 받은 스트레스는 적극적으로 해소하도록 해야 합니다. 입덧이 있고, 임신으로 인한 몸과 생활의 변화에 대한 두려움이 있으므로 아빠의 관심과 애정이 중요합니다. 아빠가 빨래, 청소, 쓰레기 분리수거 등의 집안일을 적극적으로 맡아주어야 해요.

김영훈 박사님의 주별 뇌태교 이야기

9 weeks

아기는요

몸 전체를 굼실굼실하면서 양수 안에서 헤엄을 칩니다. 팔이 자라고 손은 심장 부근에 모아져 있습니다. 다리가 길어지고 발도 커져 상체가 닿을 정도입니다. 이 시기에는 태아의 기관이 형성되므로 이상이 생기지 않도록 특히 조심해야 합니다. 후각뉴런이 발달합니다.

엄마는요

임신 3개월에 접어들면서 입덧이 심해집니다. 자궁의 크기가 점차 주먹만 하게 커지며 하복부가 땅기거나 요통이 오기도 합니다. 혈액량이 아주 조금씩 증가합니다.

아빠는요

우선 임신부에게 육체적 부담을 주지 않도록 배려하고 임신부의 휴식과 안정에 중점을 둡시다. 아빠는 금연을 해야 하며 무리한 부부관계는 삼가는 것이 좋습니다. 태교는 임신 3개월부터 시작하면 좋습니다. 음악을 들려주거나 태담을 시작할 수 있습니다. 엄마의 마음을 차분하게 하는 정도가 좋습니다.

10 weeks

아기는요

배아가 아니라 태아가 되는 시기로 사람과 같은 형태를 보이기 시작합니다. 팔, 다리, 눈, 음부 등과 같은 신체 부위는 다 자리를 잡고 있으나, 장기 부위는 아직 형성이 안 된 상태입니다. 후각의 정보를 뇌로 보내는 후각세포는 임신 10주에 처음 형성됩니다.

엄마는요

태아는 전자파에 민감하므로 전기담요나 전자레인지 등의 사용을 줄여야 합니다. 또한 사우나나 온욕은 태아에게 해로울 수 있으므로 자제합니다. 임신 중에는 일부 감염증과 질환이 태아의 장기나 성장에 영향을 주므로 질병에 감염되지 않도록 주의합시다.

아빠는요

아빠는 자궁 속에서 자라고 있는 태아의 모습을 머릿속에 그리면서 아내와 함께 태교를 시작합시다. 태아와 이야기하는 데 특별한 준비가 필요한 것은 아닙니다. 상냥한 목소리로 그날 있었던 일상적인 일들에 대해 이야기합시다. 이때 50cm 정도 떨어진 곳에서 이야기하는 것이 좋습니다.

11 weeks

아기는요

체모가 자라나 솜털이 생기고 모든 체내기관이 발달해 심장, 간, 비장, 맹장, 내장이 성숙합니다. 태아 심장초음파로 말발굽 소리처럼 힘찬 태아의 심장 소리를 들을 수 있습니다. 태아는 침도 삼키고 발차기도 하면서 활발하게 움직입니다.

엄마는요

아직 엄마는 느낄 수 없지만 태아 스스로 약간의 운동을 시작합니다. 두뇌와 척수세포들이 급격하게 불어나므로 가능한 신선한 공기를 마시고 적절한 운동을 하게 합시다. 운동을 하면 호흡을 통해 엄마가 산소를 많이 받아들이게 되므로 태아의 뇌 발달에 도움이 됩니다.

아빠는요

엄마는 아기를 가졌다는 기쁨도 있지만, 임신으로 인한 몸과 생활의 변화에 대한 두려움도 있습니다. 임신부가 스트레스를 받지 않으려면 아빠의 애정과 관심이 중요합니다.

12 weeks

아기는요

태아의 얼굴과 몸에 배내털로 불리는 솜털이 나서 덮이기 시작합니다. 뇌가 급속도로 발달하고 머리는 다른 부분에 비해 상당히 커서 탁구공만 한 크기로 전신의 3분의 1 정도를 차지합니다. 아직 뇌의 표면은 매끄럽고 주름이 잡혀 있지 않습니다. 일부 뼈가 단단해지기 시작합니다.

엄마는요

입덧이 차츰 가라앉고 식욕이 늘어납니다. 유산의 위험도 어느 정도 낮아졌으니 이제 마음을 느긋하게 갖도록 합시다. 12주에는 자율적인 태동을 시작합니다. 이 시기의 태아는 가벼운 자극을 주면 손가락을 오므리거나 입을 벌리고 눈을 가늘게 뜨는 등 반응을 보입니다.

아빠는요

임신부의 스트레스는 태반의 혈관을 수축시켜 태반을 통해 태아에게 연결되는 혈액의 양이 줄어듭니다. 속상하거나 언짢은 일, 걱정 등은 빨리빨리 잊게 하여 최대한 평온한 마음을 갖게 도와줍시다.

블랙홀 제비뽑기

옛날에 러시아에서 스푸트니크 2호라는 우주선을 쏘아 올린 적이 있어. 그때 우주선 안에는 라이카라는 개 한 마리가 타고 있었단다. 라이카는 원래 모스크바 골목을 방황하던 떠돌이 개였대. 그런데 우주 공간에서 동물이 살 수 있는지 없는지 알아보려고 사람 대신 라이카를 실어 보낸 거야. 끝없이 펼쳐진 우주 공간에서 라이카 혼자 어떤 시간을 보냈을까?

과학자들은 라이카가 우주에서 일주일 동안 살다가 편안하게 세상을 떠났다고 발표했어. 사람이든 동물이든 라이카처럼 누군가를 대신해서 위험한 일에 뛰어드는 경우는 지금도 세계 어디에서나 벌어지곤 한단다. 도시에서 아주 멀리 떨어진 어느 산골마을에서도 비슷한 일이 있었어.

* * *

어느 날 우물가에 마을 사람들이 모두 모였어. 애 어른 할 것 없이 한 사람도 빠지지 않고 다 모인 거야. 마을의 운명이 걸린 중대한 결정을 해야 했거든.

"자, 지금부터 제비뽑기를 시작하겠습니다. 말씀드렸다시피 동그라미가 그려진 종이를 뽑는 사람이 우물 속으로 들어가는 겁니다."

마을 이장은 손가락으로 우물을 가리키며 거듭 다짐했어. 사람들은 불안한 표정으로 우물을 들여다봤단다.

우물에 큰 문제가 생긴 것은 사흘 전이었어. 여느 때처럼 아낙네들이 옹기종기 모여 물을 긷고 있는데 갑자기 빈 두레박이 올라왔지 뭐야.

"이상하다. 우물이 말랐나?"

아낙네들은 다시 두레박을 내려봤어. 그런데 두레박이 한도 끝도 없이 내려가는 거야. 밧줄이 다할 때까지 말이야. 옆에 있던 꼬마가 돌멩이를 던져봤어. 돌멩이가 물에 떨어지면 퐁당 하는 소리가 나겠지? 하지만 아무 소리도 안 들려. 우물 밑이 마치 우주 공간처럼 텅 비어버린 거야.

마을 이장이 달려와서 손전등으로 비춰봤더니 물은 보이지 않고 그저 텅 빈 어둠뿐이잖아.

"큰일 났다. 우물에 큰 구멍이 생겼어!"

* * *

마을 회의가 열렸어. 어떤 사람들은 마을에 액운이 닥쳤다며 호들갑을 떨기도 했지. 마실 물이 사라진 것도 큰 문제지만, 바닥에 도대체 뭐가 있는지 모른다는 게 더 큰 문제란 말이야. 어쩌면 무시무시한 괴물이 살고 있을지도 모르잖아. 사람들은 회의 끝에 결국 누군가를 내려보내기로 했어.

"자, 누가 내려가보겠나?"

아무도 나서는 사람이 없었어. 자칫하면 영영 못 돌아올 수도 있는데 누가 나서겠어? 그래서 어쩔 수 없이 제비뽑기를 하게 된 거야.

"자, 그럼 지금부터 종이쪽지를 나눠드리겠습니다. 신호를 보내기 전까지는 절대로 쪽지를 펴보면 안 됩니다!"

이장은 쪽지를 하나하나 나눠주기 시작했어. 사람들은 떨리는 손으로 쪽지를 받아 들고는 두 손을 꼭 쥐고 기도했어. 제발 걸리지 않게 해 달라고 말이야.

"자, 그럼 이제 다들 쪽지를 펼쳐보세요!"

이장이 큰소리로 외치자 사람들은 두근거리는 마음으로 쪽지를 펼쳤어. 곧이어 여기저기서 '휴우, 살았다' 하는 소리가 터져 나오기 시작했어. 서로 얼싸안고 기뻐하는 사람도 있고, 손으로 가슴을 쓸어내리는 사람도 있었지.

꼬마도 뒤늦게 쪽지를 펼쳐봤어. 우물 속으로 돌멩이를 던졌던 그 꼬마야. 그런데 어떡하지? 꼬마가 뽑은 종이쪽지에 동그라미가 떡하니 찍혀 있지 뭐야? 꼬마는 금방이라도 울 것 같은 표정으로 사방을 두리번거렸어. 그때 누군가 꼬마의 쪽지를 확 낚아채더니 다른 쪽지를 쥐어 줬어.

"얘야, 잠자코 있으렴."

마을 변두리에 사는 산지기 영감이 자기 쪽지를 꼬마와 맞바꾼 거야.

"이 할애비는 오래 살았잖니?"

산지기 영감은 꼬마에게 눈을 찡긋해 보였어.

"자, 누가 뽑혔습니까? 손을 들어보세요."

이장이 소리쳤어.

다들 재수 없게 뽑힌 사람이 누구인지 보려고 두리번거렸어. 산지기 영감은 깊이 숨을 들이쉰 다음 손을 번쩍 들어 올리려 했어. 하지만 이번에도 누가 쪽지를 확 낚아챘지 뭐야? 도대체 누굴까?

쪽지의 임자가 나타나자 사람들은 깜짝 놀라고 말았어. 글쎄 누렁이 녀석이 쪽지를 물고 있잖아. 산지기 영감에게서 빼앗은 그 쪽지 말이야. 그런데 누렁이가 누구냐고? 누렁이는 허구한 날 동네 구석구석을 돌아다니는 떠돌이 개야.

누렁이는 동그라미가 찍힌 쪽지를 문 채 이장만 쳐다보고 있어.

'내가 이 녀석한테도 쪽지를 나눠줬던가?'

이장이 어떻게 해야 하나, 하고 망설이는데 누군가 소리쳤어.

"누렁이를 내려보냅시다!"

그러자 여기저기서 '옳소, 옳소!' 하는 소리가 터져 나왔어.

잠시 후 누렁이가 밧줄에 단단히 묶인 채 우물 속으로 천천히 내려가기 시작했어. 사람들은 약간 미안했던지 누렁이를 내려보내기 전에 푸짐한 고기를 듬뿍 먹였단다. 누렁이는 우물가에 모인 사람들에게 꼬리를 흔들어 보이고는 순순히 밧줄에 묶였어.

우물 속 캄캄한 어둠 속으로 누렁이가 천천히, 아주 천천히 내려가고 있어. 누렁이를 발로 뻥뻥 차며 괴롭히던 몇몇 사람들은 그제야 '미안하다, 누렁아!' 하고 중얼거렸어.

누렁이가 어둠 속으로 완전히 사라진 뒤에도 밧줄은 계속해서 아래로, 아래로 내려갔어. 그러다 어느 순간 갑자기 줄이 헐렁해졌지 뭐야.

"어? 어떻게 된 거지?"

이장은 재빨리 밧줄을 당겼어. 하지만 밧줄 끝에는 아무것도 묶여 있지 않았어. 누렁이가 어둠 속으로 감쪽같이 사라져버린 거야.

잠시 후 우물 안에 다시 물이 찰랑찰랑 고이기 시작했어. 깊은 어둠이 사라지고 우물도 예전 모습으로 되돌아온 거야.

"누렁이는 어떻게 됐을까?"

그 뒤로도 마을 사람들은 만나기만 하면 누렁이 얘기로 시간 가는 줄 몰랐어. 하지만 누렁이가 어디로 갔는지 아는 사람은 아무도 없었지.

* * *

1957년 11월 4일, 지구에서 멀리 떨어진 우주 공간에 스푸트니크 2호 인공위성이 떠 있었어. 라이카는 너무 두렵고 쓸쓸해서 죽을 것만 같았단다. 지구에서도 늘 혼자였지만, 우주 공간에서만큼 외롭진 않았단 말이야. 라이카는 단 1초라도 누군가와 함께 있고 싶었어.

그런데 갑자기 이상한 일이 벌어졌어.

눈앞에 커다란 구멍이 생기더니 깊고 어두운 터널이 펼쳐지기 시작한 거야. 그리고 잠시 후 터널 속에서 누런 개 한 마리가 나타났어. 라이카는 컹컹 짖으며 누렁이에게 달려갔어. 라이카와 누렁이는 한 번도 만난 적이 없지만, 순식간에 우주에서 가장 절실한 단짝이 되었어.

우주에서는 종종 상상도 못한 일들이 벌어지곤 한대. 블랙홀이나 웜홀, 시간 여행 같은 것도 우주에서는 아주 흔한 일이라고 해. 어쩌면 너무나도 친구가 필요했던 두 마리의 간절한 마음이 시간과 공간을 넘나드는 신비로운 터널을 만들어낸 건지도 몰라.

그나저나 우주에서 만난 두 친구는 그 뒤로 어떻게 됐을까?

글쎄, 그건 아무도 알 수 없어. 둘이서 그 신비로운 우주 터널을 따라면 여행을 떠났을지도 모르지. 아마 아주 신나는 여행이었을 거야. 혹시 알아? 개들만 사는 행성에서 평생 즐겁게 살았을지. 우주에서는 상상하는 모든 것들이 얼마든지 이루어지곤 하니까 말이야.

친구는
그냥 생기지
않아

친구는 그냥 생기지 않아.
지금은 당연한 듯 친하게 지내지만
알고 보면
수많은 우연과 행운이 엮여
친구가 된 거야.

끝없는 우주와
드넓은 세상과
수많은 사람들 속에서
어떻게 우리는 친구가 될 수 있었을까?
어쩜 이렇게 소중한 사이가 될 수 있었을까?

미미가 안나에게.

안나를 위하여

눈 덮인 알프스 중턱에는 아담한 호텔이 하나 있습니다. 최고급은 아니지만 해마다 은퇴한 예술가들이 즐겨 찾는 아름다운 호텔입니다.

객실 테라스에 앉아 하루 종일 만년설을 바라보는 사람, 정원 벤치에 앉아 그림을 그리는 사람, 텅 빈 노천카페에서 피아노를 연주하는 사람……. 알고 보면 다들 한때는 꽤 잘 나가던 예술가들입니다.

얀이라는 노인도 그중 하나입니다. 한창 때는 어딜 가나 기자들이 따라다닐 만큼 유명한 영화감독이었습니다. 하지만 지금은 그저 평범한 노인처럼 보입니다.

얀은 주로 호텔 주변을 거닐며 하루를 보냅니다. 누군가 인사를 건네면 얀은 고개를 휙 돌려버리곤 합니다. 그는 사람보다 영화를 더 좋아합니다.

* * *

어느 아침, 얀은 오솔길을 걷다가 혼자 울고 있는 여자 아이를 보았습니다. 다섯 살? 여섯 살? 얀은 못 본 척 지나쳤습니다. 등뒤로 흐느끼는 소리가 계속 들려왔지만 얀은 걸음을 멈추지 않았습니다.

이튿날 아침, 얀은 오솔길에서 또 그 여자 아이를 보았습니다. 아이는 여전히 훌쩍이고 있었습니다.

하루 울었으면 됐지, 또 울어?

미미가 날 버리고 떠났단 말이에요.

미미가 누구냐?

내 친구예요. 인형이구요.

인형이라고? 인형 하나 잃어버렸다고 그렇게 울어?

친구라니까요! 그리고 잃어버린 게 아니라 떠나버린 거예요!
너 몇 살이냐? 이름이 뭐지?
다섯 살이요. 안나예요.
다섯 살이나 먹었으면서 인형 하나 때문에 울다니, 나 원.
얀은 훌쩍이는 안나를 놔두고 산책을 계속했습니다.

산책을 끝낸 뒤 얀은 호텔 안에 있는 선물 가게에 들러 인형 하나를 샀습니다. 그리고는 다시 오솔길로 돌아가 울고 있는 안나에게 인형을 내밀었습니다.
옜다, 이제 내 산책을 방해하지 말아주렴.
얜 미미가 아니에요. 내 친구도 아니구요. 난 미미가 필요해요.
떠난 친구는 잊어버리고 이제 새 친구를 사귀어봐야지!
친구를 어떻게 잊어요!
맘대로 해라. 하지만 제발 딴 데서 울면 안 되겠니?

다음 날 아침, 얀은 늘 그렇듯 오솔길로 들어섰습니다. 안나는 보이지 않았습니다. 다음 날, 또 그다음 날에도 안나는 보이지 않았습니다.

사흘째 되는 날 얀은 호텔 뒤편 언덕길에서 안나를 만났습니다. 안나는 웃고 있었습니다.

놀라운 소식이에요. 미미한테서 편지가 왔어요!

인형이 편지를 보냈다고? 그 얘길 믿으란 게냐?

그러자 안나는 호주머니에서 꼬깃꼬깃한 편지 봉투를 꺼내 보였습니다. 겉봉에는 '미미가 안나에게'라고 적혀 있었습니다.

뭐라고 적혀 있디?

갑자기 여행을 떠나는 바람에 인사를 못했대요. 읽어줄까요?

아니, 됐다.

안나는 아랑곳없이 편지를 읽기 시작합니다.

'안나야, 너도 때가 되면 알게 되겠지만 누구나 꼭 여행을 떠나야 할 때가 있단다.'

글씨는 제법 잘 읽는구나. 하지만 안 읽어줘도 돼.

얀은 슬슬 귀찮아졌습니다.

여행하면서 편지 또 보내준대요.

거참 별난 인형도 다 있구나.

얀은 피식 웃으며 산책을 계속했습니다.

이틀 뒤에 얀은 호텔 정원에서 안나를 만났습니다.

또 편지가 왔어요. 기차 타고 멀리멀리 가고 있대요. 기차 여행은 피곤하지만 경치는 정말 끝내준대요. 나더러 기차 여행을 꼭 해보래요. 정말 멋진 친구죠?

기차 여행이라, 해볼 만하지.

얀은 무뚝뚝하게 대답하고는 다시 산책길로 향했습니다.

얀은 이삼일에 한 번꼴로 안나를 만났습니다. 만날 때마다 안나는 미미 이야기를 들려주었습니다. 주로 어디에서 무엇을 봤는지에 대한 이야기들이었습니다.

정말 궁금해요. 미미가 본 것들을 나도 보고 싶어요. 사진이라도 보내주면 참 좋을 텐데.

미미는 사진 찍을 줄 모르는 모양이구나. 참, 인형이었지?

흥, 내 친구라니까요!

안나는 뾰로통해져서 돌아갔습니다.

얀이 안나를 만난 것은 일주일 뒤였습니다. 안나는 잔뜩 흥분해 있었습니다.

미미가 사진 찍을 줄 모른다고 하셨죠? 맞아요. 하지만 이것 좀 보세요. 그림은 정말 잘 그려요.

안나는 미미가 그렸다는 그림을 보여주었습니다. 동유럽의 어느 성당을 그린 그림이었습니다.

흠, 제법이구나.

나더러 그림을 배우래요. 사진보다 훨씬 재미있대요. 그런데 누구한테 배우지?

안나는 다시 시무룩해졌습니다. 그때 얀이 손가락으로 어딘가를 가리켰습니다.

저기 정원 벤치에 앉아 있는 할머니한테 가보렴.

저 할머니가 누군데요?

옛날에 아주 유명했던 삽화가였지.

안나는 잠시 망설이다가 정원 쪽으로 다가갔습니다. 얀은 끙 하고 몸을 일으키더니 또 산책을 시작했습니다.

닷새가 흘렀습니다.

얀이 산책로로 들어서자 안나는 기다렸다는 듯이 달려왔습니다. 이번에는 편지도, 그림도 아닌 악보를 보여주었습니다.

정말 놀랍지 않아요? 미미가 작곡을 배우기 시작했대요.

악보 맨 위에 '안나를 위하여'라는 제목이 적혀 있었습니다.

할아버지, 악보 읽을 줄 아세요?

얀은 도리도리 고개를 저으며 또 어딘가를 가리켰습니다.

저기 저 노천카페에 가보렴. 피아노 치는 할아버지가 보일 게다. 이 정도 악보쯤은 얼마든지 연주할 수 있을 게다.

안나는 설레는 표정으로 노천카페를 향해 달려갔습니다.

* * *

그 뒤로도 얀은 매일매일 산책을 거르지 않았습니다. 달라진 것이 있다면 안나가 더 이상 산책을 방해하지 않게 된 겁니다. 그 대신 안나는 정원 벤치에서 할머니와 함께 그림을 그리거나 노천카페에서 피아노를 배웠습니다.

산책이 끝날 즈음 얀은 어느 객실 테라스를 올려다보았습니다. 거기엔 늘 파이프를 입에 문 채 만년설을 바라보는 노인이 앉아 있었습니다. 그는 젊은 시절 신문에 자주 오르내리던 작가였습니다. 얀이 손짓을 하자 작가는 고개를 끄덕이며 일어섰습니다.

해질 무렵 얀은 작가와 함께 나란히 벤치에 앉아 노을을 감상했습니다. 얀이 작가에게 불쑥 말했습니다.

편지는 계속 보내주고 있지?

작가는 고개를 끄덕이며 되물었습니다.

저 아이가 언제까지 믿어줄까? 몇 살쯤이면 알게 될까?

난들 알겠나. 어쩌면 저렇게 쭉 믿으면서 살아갈 수도 있겠지.

평생 글을 썼네만 인형 입장에서 써보긴 처음일세.

아무튼 좋은 배역을 맡았구먼. 헌데 끝은 어떻게 구상하고 있나?

끝은 생각해보지 않았네. 당분간은 미미 역할을 쭉 하려고. 아마 저 삽화가 할멈도, 피아노 치는 양반도 마찬가지일걸?

그럼 나도 연기를 계속해야겠구먼.

그래야겠지. 우리가 이 나이에도 여전히 제 역할을 할 수 있다는 게 고맙지 않나?

얀과 작가는 미소를 지으며 안나를 바라보았습니다. 안나는 피아노 앞에 앉아 열심히 건반을 두드리고 있었습니다.

소원도
너를
만나고 싶어 해

소원을 이루는 것보다
소원이 뭔지 아는 게 중요해.
무엇과도 바꿀 수 없을 만큼
간절한 소원이라면 반은 된 거야.

꿈에서도 또렷이 보일 만큼
소원이 생생해지면
언젠가는 눈앞에 나타날 거야.

네가 소원을 만나고 싶은 만큼
소원도 너를 만나고 싶어 하니까.

4

CHAPTER

임신 4개월 뇌태교

• 13~16주 •

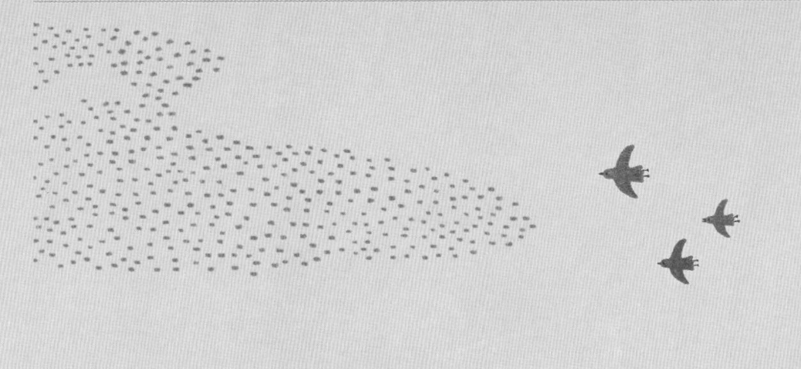

이 시기에는 뉴런이 매우 빠르게 생성됩니다. 임신 4개월에는 실제로 분당 50만 개 이상의 속도로 뉴런이 만들어집니다. 이처럼 광범위하고 폭발적인 뉴런의 생성은 초기 뇌의 각 부분을 형성하는 데 도움이 됩니다. 대뇌는 아직 미숙한 상태로 표면은 성인의 뇌와 달리 밋밋합니다. 좌뇌와 우뇌가 자라는 동안 그들을 이어줄 뇌량이 만들어집니다. 좌우의 뇌는 뒤쪽으로 자라 시상을 덮게 됩니다. 시상은 결국 대뇌 아래 깊숙한 중심부에 위치하게 됩니다. 임신 16주에는 불완전하지만 뇌가 발달해 기쁨, 노여움, 불안, 초조 등의 감정이 생깁니다. 또한 속귀가 완성되어 자궁 밖에서 나는 소리도 들을 수 있습니다. 따라서 엄마가 항상 마음을 즐겁게 가지도록 해야 합니다. 엄마는 입덧이 사라지고 점차 활력을 되찾을 것입니다. 임신 4개월부터는 하루에 300kcal의 열량을 더 섭취해야 합니다.

김영훈 박사님의 주별 뇌태교 이야기

13 weeks

아기는요

목이 생기고, 어른 턱밑 군살처럼 생겼던 바깥귀가 점차 목 윗부분으로 올라와 거의 제자리에 놓입니다. 이미 만들어지기 시작한 근육과 신체기관이 더욱 빠르게 발달하고, 탯줄 속에 돌기처럼 부푼 형태로 있던 장기는 태아의 복강으로 들어가 제자리를 찾습니다.

엄마는요

호르몬 분비량이 안정적으로 변화하며 불안한 마음이나 히스테릭한 감정이 차츰 가라앉습니다. 피부가 약한 임신부는 배, 가슴, 엉덩이 부위에 임신선인 살트임이 생기기 시작하므로 튼살 전용 크림으로 초기부터 관리하도록 합시다.

아빠는요

아빠가 엄마의 배를 쓰다듬으며 노래를 불러주고, 하루의 일과를 이야기해주면 태아는 아빠의 목소리에 익숙해져 관심을 보일 것입니다. 잠 잘 때는 엄마의 배를 쓰다듬으며 다정한 목소리로 말을 걸거나 자장가를 불러줍시다. 엄마와 같이 음악을 듣는 것도 좋습니다.

14 weeks

아기는요

아기는 약 9cm, 45g에 이르고, 중뇌와 후뇌 또한 이때 형성됩니다. 그러나 대뇌는 아직 미숙한 상태로 표면은 성인의 뇌와 달리 밋밋합니다. 좌뇌와 우뇌가 자라는 동안 그들을 이어줄 뇌량이 만들어집니다. 외견상 성 감별도 가능합니다.

엄마는요

태아의 성장 속도가 빨라지는 시기로 임신부의 질적인 영양이 중요합니다. 고기, 생선, 콩류 및 유제품을 충분히 먹으면서 양보다 질적으로 높은 식사를 해야 합니다. 태아의 몸을 만드는 데는 영양이 꼭 필요합니다. 따라서 단백질 섭취가 중요한데, 육류보다는 생선이 좋습니다.

아빠는요

배 속의 아기와 대화를 나눕시다. 배를 쓰다듬으면서 아침과 저녁, 태아에게 인사하고, 밥 먹기 전에는 "맛있게 먹고 튼튼하게 자라렴" 하고 말합시다.

15 weeks

아기는요

눈썹, 머리카락 등 몸에 털이 매우 많이 자라기 시작합니다. 피부를 뒤덮은 털은 태어나기 전에 사라집니다. 아기는 엄마의 기침이나 웃음에 따라서 함께 움직입니다.

엄마는요

몸무게가 늘고 배가 나오면서 허리가 쑤시고 다리가 저리기 때문에 움직이는 것을 싫어하게 됩니다. 운동 부족으로 임신 비만을 초래하지 않도록 등을 곧게 펴고 바른 자세를 취합시다. 자세가 나쁘면 배가 불러오면서 허리의 부담으로 요통이 생길 수 있습니다. 간단한 맨손 체조를 시작합시다.

아빠는요

임신부가 태아의 무게 때문에 허리나 등이 아프고, 다리가 붓거나 쥐가 나는 일이 많습니다. 10분간 부드럽게 쓰다듬는 것으로 엄마의 고통을 덜어줄 수 있습니다. 온몸을 가볍게 쓸어주거나, 다리를 주물러주는 것도 좋습니다. 엄마가 깊이 잠들지 못한다면 잠자기 전에 해줍시다.

16 weeks

아기는요

불안정하지만 뇌가 발달해 기쁨, 노여움, 불안, 초조 등의 감정이 생깁니다. 양수의 양도 늘어나 양수 안에서 머리를 도리도리 흔들거나 손발을 따로 움직이는 등 움직임이 활발해집니다. 속귀가 완성되어 자궁 밖에서 나는 소리도 들을 수 있습니다. 빛에 대해 민감해지며 딸꾹질을 할 때도 있습니다.

엄마는요

유선이 발달해 유방이 더욱 커지고 피하지방이 붙어 몸매가 두루뭉술해지면서 임신부 체형으로 변합니다. 태교를 본격적으로 시작합시다. 태아와 정서적인 유대를 갖기 위해 태담을 많이 하고, 그림책이나 시집을 읽고 자연을 접하는 등 정서적으로 좋은 자극을 받도록 합시다.

아빠는요

자연의 소리를 들려주면 태아 심장의 건강한 생체 신호가 의미 있게 증가합니다. 엄마와 산책을 하며 자연의 소리를 듣거나 태교 음악을 들어봅시다. 심장박동과 비슷한 바로크 음악이나 비발디, 하이든, 모차르트도 좋고 대금 산조와 같은 전통 음악도 좋습니다.

달곰이네 피자

어느 길모퉁이에 작고 평범한 피자 가게가 하나 있었어.

그런데 하루는 문이 빼꼼 열리더니 곰 한 마리가 쏙 들어온 거야. 곰 손님은 처음인데……. 주인은 약간 당황했어.

"어서 오세요. 포장이세요?"

"그게 아니라, 피자 만드는 법을 배우고 싶어서요. 그 대신 서빙도 하고 배달도 할게요. 청소도요."

주인은 조금 망설이다가 곰을 받아주기로 했어. 어쨌든 직원은 필요했거든. 게다가 곰이 무척 성실하게 생겼단 말이야. 주인은 곰을 달곰이라 부르기로 했어. '피자 배달하는 곰'이란 뜻이야.

"피자는 말이다, 뭐니 뭐니 해도 반죽이 생명이야. 빵이 쫄깃쫄깃해야 식감이 살거든."

주인은 반죽하는 법부터 소스 만드는 법이며 토핑까지 하나하나 가르쳐줬어. 달곰이는 온몸에 밀가루를 뒤집어써가면서 열심히 배웠단다. 물론 처음엔 반죽도 엉망이고, 온데 사방에 소스가 튀는 바람에 여간 힘든 게 아니었어. 하지만 달곰이는 며칠 동안 꼬박 잠도 안 자고 피자를 만들었지. 어찌나 열심인지 몰라.

"달곰아, 넌 꿈이 뭐니?"

하루는 주인이 물었어. 이렇게 열심히 사는 곰은 처음 보거든.

"저는요, 숲에다 피자 가게를 차리고 싶어요."

"숲에다 피자 가게를 차린다고? 장사가 잘될까?"

달곰이는 고개를 끄덕였어. 요즘은 숲에서도 다들 집에 틀어박혀 지내기 때문에 배달 전문 피자 가게를 차리면 잘될 거라는 얘기야.

"다들 집에 틀어박혀 지낸다고? 거참, 숲도 이젠 예전 같지 않은 모양이구나."

드디어 달곰이가 첫 피자를 완성했어.

"음, 맛은 제법 비슷하구나. 그런데 모양이 좀 그러네."

아닌 게 아니라 토핑도 엉망이고 치즈도 한쪽으로 뭉쳐 있어.

"더 열심히 만들어야겠어요."

달곰이는 또 며칠 동안 쉬지 않고 피자를 만들었어.

배우기 시작한 지 석 달째 되는 날, 제법 그럴싸한 피자가 완성됐단다. 주인은 피자를 맛보더니 무릎을 쳤어.

"됐다, 훌륭해! 이 정도면 숲에서도 대박이 날게다."

"감사합니다, 감사합니다!"

달곰이는 숲에 돌아오자마자 피자 가게를 차렸어. 통나무로 지은 가게 안에 테이블, 의자는 물론이고 오븐이며 커다란 화덕도 따로 만들었지. 그리고 입구에는 '달곰이네 피자'라고 적힌 간판까지 내걸었어.

달곰이는 오픈 기념으로 시식용 피자를 돌리기로 했단다. 우선 피자 맛부터 널리 알려야 손님들이 찾아올 거 아니야. 달곰이는 자전거를 타고 숲을 돌아다니기 시작했어. 짐칸에 피자를 잔뜩 싣고 말이야.

"어, 이게 뭐지? 먹는 거야?"

여우, 노루, 토끼 모두들 피자는 처음이잖아.

"이게 바로 피자라는 거예요. 우리 숲에도 피자 가게가 생겼답니다. 많이들 와주세요!"

달곰이는 하루 종일 신나게 피자를 돌렸어. 그리고는 가게로 돌아와 오픈 준비를 서둘렀단다.

드디어 달곰이네 피자 가게가 오픈하는 날이야. 달곰이는 아침부터 얼마나 설레는지 몰라. 그런데 이게 웬일이지? 오픈한 지 다섯 시간이 지나도록 한 명도, 아니 한 마리도 안 나타나잖아.

'이상하다, 이럴 리가 없는데.'

달곰이는 직접 고객을 찾아다녀보기로 했어. 피자 맛이 어땠는지 물어보려고 말이야. 그런데 너구리, 다람쥐, 여우, 노루……. 다들 이런 반응이야.

"음, 솔직히 무슨 맛인지 모르겠어. 네 맛도 내 맛도 아니야."

"내가 음식 맛을 좀 아는데, 아무래도 피자는 아닌 것 같아."

"미안하지만 난 한 입 먹고 뱉어버렸어."

달곰이는 충격을 받았어. 도시에서 몇 달 동안 고생하며 배운 피자였는데 완전 망했잖아.

여우가 와서 위로랍시고 이런 말을 해줬어.

"달곰이, 피자 같은 거 말고 그냥 심부름센터를 여는 게 어때? 알다시피 다들 밖에 나오고 싶어 하지 않잖아. 그러니까 자네가 심부름을 대신 해주는 거야."

"싫어요. 저는 피자 가게를 그만두고 싶지 않아요."

역시 달곰이는 고집이 센 편이야.

하지만 일주일 뒤에 달곰이는 결국 '달곰이 심부름센터'라는 간판을 내걸고 숲을 돌아다니기 시작했어. 피자 주문은 하나도 없고 온통 심부름 주문뿐인데 어쩌겠어.

달곰이는 다람쥐 고객을 위해 도토리를 한 포대씩 날라주거나 토끼굴 앞에 울타리를 세워주기도 했어. 비가 오고 바람이 불어도 주문은 멈추지 않았단다. 심지어는 새벽에 자다 일어나 토끼풀을 가져오라는 주문까지 들어줘야 했어. 달곰이는 피곤해 죽을 지경이야. 하지만 날마다 조금씩 시간을 내서 열심히 피자를 연구했어. 언젠가는 피자로 꼭 성공하고 싶었거든.

그런데 어떡하지? 하루는 달곰이가 자전거를 타고 가다가 넘어지는 바람에 다리를 크게 다치고 말았어. 한동안 다리에 붕대를 칭칭 감고 누워 있어야 할 정도야.

"에이, 조심 좀 하지!"

숲속 고객들 불만이 이만저만이 아니야. 달곰이를 걱정하는 주민들도 있었지만, 대부분 심부름을 못 시켜서 답답한 눈치야.

여우는 하루 종일 마음이 불편했어. 방 안을 왔다 갔다 하면서 좀처럼 앉지를 못해. 심부름꾼 없이 며칠 지내다 보니 달곰이가 새삼 고맙게 느껴지잖아.

여우는 뭔가 주섬주섬 챙겨 들고 밖으로 나갔어. 어딜 가는 걸까? 달곰이네 집 쪽이야. 가는 길에 여우는 노루, 올빼미, 너구리를 만났어.

"어이, 다들 어딜 가나?"

"달곰이네 가는 길일세. 얼마나 다쳤는지 궁금하기도 하고."

"나도 같이 가세."

노루도 올빼미, 너구리도 여우처럼 보따리를 하나씩 챙겨 들고 있어. 보따리 안에 뭐가 들었을까?

집 앞에 '달곰이네 심부름센터'라는 간판이 보였어.

"달곰이, 안에 있나?"

여우 일행은 문을 살짝 열고 들어서다 깜짝 놀랐어. 글쎄 달곰이 집

거실에 사슴, 오소리, 토끼, 다람쥐가 먼저 와 있잖아.

"아이고, 와주셔서 고마워요."

달곰이는 목발을 짚고 일어서서 꾸벅 인사를 했어.

여우 일행은 들고 온 보따리를 달곰이에게 건네줬단다.

"이게 다 뭐예요?"

보따리 안에는 산딸기, 밤, 자두, 도토리 같은 것들이 잔뜩 들어 있었어. 저마다 자기가 제일 맛있다고 생각하는 음식들을 챙겨 온 거야.

"가만있자, 이 많은 음식들을 저 혼자 다 먹을 순 없고……."

달곰이는 손님들을 위해 뭔가 특별한 요리를 대접하고 싶었어.

"어이, 달곰이! 다리도 불편한데 좀 쉬지 그래?"

"아니, 잠깐만요."

달곰이는 주방으로 들어가서 화덕에 불을 붙인 다음 반죽을 하기 시작했어. 아주 큼지막한 반죽이야.

잠시 후 달곰이가 아주아주 커다란 피자를 내왔어.

"아이고, 이게 다 뭔가?"

다들 놀라는 눈치야.

"여러분께서 갖다주신 귀한 재료들로 특제 피자를 만들어봤어요. 맛이 없으면 뱉으셔도 돼요."

여우는 좋아하는 재료들이 올라간 부분을 한 조각 잘라 먹었어. 다람쥐는 도토리 토핑, 토끼는 클로버 토핑이야.

이번엔 반응이 어떨까? 한동안 우물우물 피자를 씹더니 다들 표정이 밝아졌어.

"이야, 이거 참 맛있다!"

"정말이야, 맛이 확 달라졌네?"

"오소리 아저씨, 여기 이쪽도 맛있어요. 한번 드셔보세요."

손님들은 피자 주변을 둥글게 에워싼 채 빙빙 돌아가며 색다른 맛을 즐겼어. 달곰이는 얼마나 기쁜지 몰라. 피자를 어떻게 만들어야 할지 알게 됐거든.

그날 저녁 손님들은 '달곰이네 심부름센터'라는 간판을 내리고 다시 '달곰이네 피자'라는 간판을 걸어줬어.

"달곰이, 앞으로 피자를 열심히 만들어주게."

너구리가 말했어.

"참, 여러분! 앞으로 일주일에 한 번쯤은 다들 여기 모여서 함께 피자 파티를 여는 게 어떨까요? 오늘 보니까 분위기가 꽤 좋은데요?"

여우의 제안에 모두들 박수를 쳤어. 달곰이는 아픈 다리가 싹 다 나은 것만 같았단다.

한 끼의
요리가
할 수 있는 일

한 끼의 요리가 할 수 있는 일은 뭘까?

혼자가 아니란 걸
알게 해주려고
때만 되면 다들 불러 모으는
한 끼의 요리.

배를 채우면서
마음도 채우라고
때만 되면 한 자리에 앉히는
한 끼의 요리.

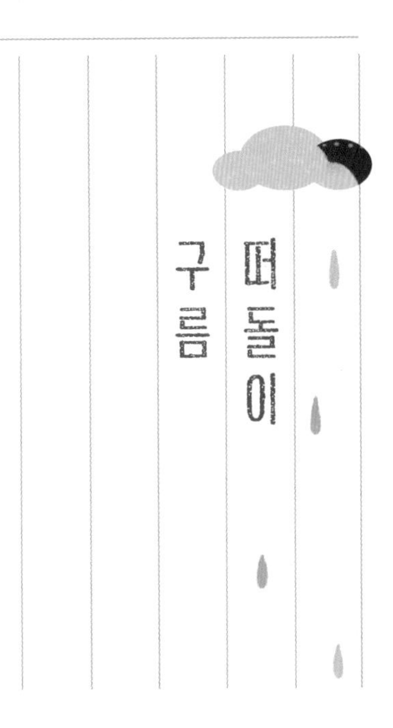

떠돌이 구름

어느 날 작은 구름 하나가 태어났어.

구름은 둥실둥실, 토실토실 몸집을 키우더니 어느새 제법 큼지막한 구름이 되었어.

조금 있으면 너도 이제 비를 뿌릴 수 있겠구나.

커다란 먹구름이 말했어.

비를 뿌리고 나면 그다음엔 어떻게 되는데요?

땅이 촉촉해지고 풀들이 자라지.

아니, 그게 아니라 내가 어떻게 되냐구요.

어떻게 되긴, 그냥 없어지는 거지.

안 돼요! 난 절대로 비를 뿌리지 않을 거예요.

그때부터 구름은 떠돌이가 되기로 했어. 바람 따라 여기저기 다니면서 세상 구경이나 실컷 하기로 한 거야.

저 구름 좀 봐. 코끼리처럼 생겼지?

코끼리는 무슨, 고래처럼 생겼는데 뭘.

사람들이 자기를 가리킬 때마다 구름은 요리조리 모양을 바꿨어. 해가 질 때는 붉게 물들기도 하고, 궂은 날에는 검게 변하기도 하면서 말이야.

야, 이거 참 재미있다!

구름은 제멋대로 변신하면서 여행을 계속했어.

어따, 구름이 몰려오네. 모처럼 시원하게 뿌려주면 좋겠구나.

농부 할아버지가 구름을 쳐다보며 중얼거렸어.

흥, 꿈도 꾸지 마세요.

구름은 혀를 쏙 내밀고는 재빨리 딴 데로 가버렸어. 농부 할아버지는 금세 시무룩해졌단다.

남극에서 북극으로, 히말라야에서 아마존으로, 또 태평양에서 인도양으로 구름은 끝없이 떠돌아다녔어. 비도 안 뿌리고 그렇게 뺄뺄 돌아다녔으니 어떻게 되겠어? 몸집이 엄청 커졌겠지?

이대로 오래오래 떠돌아다닐 거야, 영원히.

구름은 혼자서 하늘을 다 차지할 생각인가 봐.

그렇게 온 세상을 돌아다니던 어느 날, 구름은 사막 위에 잠시 머물렀어. 일 년 내내 비가 내리지 않는 곳이라 마음에 쏙 들었던 모양이야.

여기서 푹 쉬다 가야지.

느긋하게 사막을 둘러보는데 저 아래 자그마한 모래언덕이 눈에 띄잖아. 바람에 날린 모래들이 쌓이고 쌓여 작고 귀여운 모래언덕이 생긴 거야. 모래언덕은 햇빛을 받아 금빛으로 반짝반짝 빛나고 있었어.

안녕, 넌 참 곱구나.

구름이 말했어.

안녕, 넌 어디로든 마음껏 날아다닐 수 있어서 참 좋겠구나. 세상은 어떻게 생겼니?

음, 세상이 어떻게 생겼냐 하면…….

구름은 모래언덕에게 세상 이야기를 들려줬어. 푸른 숲과 눈 덮인 산, 끝없는 바다에 대해서 말이야. 모래언덕은 숲과 호수 이야기를 계속 듣고 싶어 했단다.

난 숲이 어떻게 생겼는지, 호수가 어떻게 생겼는지 몰라. 정말 궁금해. 나무와 풀은 또 어떻게 생겼고, 새들과 나비는 어떻게 생겼을까?

내가 보여줄게.

구름은 몸을 요리조리 움직여서 숲과 호수, 꽃과 나비의 모양을 차례차례 보여줬어. 구름 모양이 바뀔 때마다 모래언덕은 와와, 하면서 기뻐했단다. 구름은 신이 났어.

밤에도 낮에도 구름은 모래언덕이랑 얘기를 나눴어. 벌써 며칠째인지 몰라. 온 세상 이야기를 다 들려주려면 아직 한참 남았어. 구름은 사막에 오래오래 머물 생각인가 봐.

그런데 하루하루 지날수록 모래언덕은 점점 시무룩해졌어.

무슨 걱정이라도 있니?

구름이 물었어.

응, 너랑 같이 지낼 시간이 많지 않아서 슬퍼.

왜? 이대로 오래오래 같이 지내면 안 돼?

이제 곧 모래폭풍이 불어올 거야. 폭풍이 불어오면 난 사라지겠지. 그게 내 운명이야.

구름은 깜짝 놀랐어. 모래언덕이 사라진다는 건 상상도 못해봤거든.

폭풍이 불면 너도 더 이상 여기 떠 있을 수 없어. 모래폭풍은 너무 강해서 너까지 멀리멀리 날려 보낼 거야.

구름은 마음이 너무 아팠어. 모래언덕과 헤어지면 정말 오래오래 슬플 것 같았어. 온 세상을 떠돌면서 누군가와 이렇게 정이 들긴 처음인데 이제 헤어져야 하다니, 정말 너무하잖아.

구름아, 어서 가. 벌써 바람 냄새가 나. 무시무시한 폭풍이 이제 곧 몰아칠 거야.

모래언덕이 슬픈 목소리로 말했어. 하지만 구름은 꼼짝도 하지 않아. 그러다가 무슨 생각을 했는지 점점 모래언덕 쪽으로 내려앉기 시작했단다.

구름아, 얼른 가지 않고 뭐 해?

난 떠나지 않을 거야. 영원히 네 곁에 있을 거야.

구름은 모래언덕 위로 비를 뿌리기 시작했어.

안 돼, 구름아. 비를 뿌리면 넌 사라지잖아.

아직 모르는구나. 난 변신의 천재야. 절대로 사라지지 않아.

구름은 쉬지 않고 비를 뿌렸어. 하루, 이틀, 사흘……. 일주일째 되는 날, 드디어 비가 그쳤어. 모래언덕은 슬픈 얼굴로 하늘을 쳐다봤어. 하늘 위에 구름은 보이지 않고 무지개만 떠 있었지.

구름아, 구름아!

모래언덕이 아무리 불러도 구름은 보이지 않아.

그날 밤 모래폭풍이 몰아쳤어. 사막의 모래들이 폭풍에 흩어졌지만 모래언덕은 끄떡없었단다. 비를 머금어서 땅이 단단해졌기 때문이야.

그 뒤로 모래언덕은 조금씩 변해갔어. 파란 싹이 돋아나는가 싶더니 꽃이 피고 나무가 크기 시작했지. 구름이 뿌려준 비 덕분에 오아시스가 생기고 숲이 자라게 된 거야.

작고 보잘 것 없었던 모래언덕은 이제 푸른 언덕으로 살아가겠지? 그렇게 궁금해하던 숲과 호수가 어떤 모양인지도 이제 알게 됐을 거야. 모두가 자기 품 안에서 자랄 테니까.

그런데 구름은 어떻게 됐을까? 정말 사라졌을까?

아니야, 구름은 푸른 언덕에 그대로 살아 있어. 매일 아침 서로 인사도 나누면서 말이야. 구름은 풀과 꽃, 나무와 오아시스 어디에나 살고 있었거든. 정말 변신의 천재가 맞긴 맞나 봐.

너의
세상을
만날 때까지

휠휠 날아. 마음 흐르는 대로.
둥실둥실 떠다녀. 눈길 닿는 대로.

이렇게도 살아보고
저렇게도 살아보고
자유롭게 변신하다가
여기다 싶은 곳에서
네 꿈을 마음껏 펼치는 거야.

꼭 만나야 할 꿈을 만날 때까지
멈추지 말고 계속 날아가.

주어진 대로 살지 않고
주어진 것 이상을 찾을 때
너의 세상을 만나게 될 거야.

목동과 메아리

어느 마을에 마테오라는 목동이 살았습니다.

마테오는 말을 심하게 더듬었습니다. 아이들은 마테오를 졸졸 따라다니며 어버버, 어버버 하며 놀렸고, 어른들은 혀를 끌끌 찼습니다. 놀림을 받을 때마다 마테오는 울면서 산으로 도망쳤습니다. 높은 봉우리에 올라 큰 소리로 사람들을 욕하기도 했습니다. 하지만 메아리조차 더듬더듬 부서진 채 되돌아왔습니다. 제 입에서 나온 소리가 듣기 싫어

마테오는 귀를 막았습니다.

멀리서 그 모습을 지켜보던 늙은 산지기가 마테오에게 다가왔습니다. 산지기는 손가락으로 꽃을 가리키며 말했습니다.

이게 뭐지?

꼬, 꼬, 꼬, 꽃이요.

한 글자로 대답해보렴.

……꽃!

그럼 저건 뭐지?

산지기가 강을 가리키자 마테오는 '강'이라고 대답했습니다. 산지기는 계속해서 어딘가를 가리켰고, 마테오는 또박또박 한 글자로 대답했습니다. 해, 달, 별, 돌, 흙, 새…….

하나도 안 더듬었구나.

산지기가 웃으며 말했습니다. 마테오의 얼굴에 미소가 피었습니다.

내일은 두 글자로 된 단어를 큰 소리로 외쳐보렴.

다음 날 마테오는 봉우리에 올라가 두 글자 단어들을 크게 외쳤습니다. 아침, 나무, 샘터, 사랑, 들판, 여름, 장미, 행복……. 두 글자로 된 말이 더 이상 떠오르지 않을 때쯤 마테오는 세 글자 단어를 외쳤습니다. 무지개, 소나기, 개나리, 할머니, 함박눈…….

네 글자, 다섯 글자……. 이렇게 자신감을 얻은 마테오는 단어들을 두 개, 세 개씩 합쳐 또박또박 발음하기 시작했습니다. 행복한 아침, 시원한 바람, 새로운 내일…….

높은 산 깊은 골짜기마다 마테오가 외친 단어들이 꽃잎처럼 흩날렸습니다.

해가 바뀌자 마테오는 봉우리에 서서 큰 소리로 또박또박 책을 읽었습니다. 아름다운 시도 낭송하고 깊은 뜻이 담긴 글을 외쳐보기도 했습니다.

기적은 언제나 내 곁에 있어.
텅 빈 손 위에 하늘이 담겨 있어.
널 사랑해.

우렁차고 당당한 목소리가 계곡 사이사이로 쩌렁쩌렁 울려 퍼졌습니다.

마테오는 그렇게 말더듬증을 고쳤습니다. 봉우리를 떠나던 날 산지기가 다시 마테오 앞에 나타났습니다.

그렇게 하면 돼. 힘든 일이 닥치면 한꺼번에 이기려 들지 말고 하나씩, 하나씩 또박또박 이겨내며 사는 거야.

마테오는 봉우리에 서서 마지막으로 산지기가 해준 말을 큰 소리로 외쳤습니다.

하나씩, 하나씩 또박또박 이겨내며 사는 거야.

마테오는 부지런히 양털을 팔아 돈을 벌었습니다. 그리고 그 돈으로 배를 한 척 사들여 무역을 시작했습니다. 상인으로 거듭난 마테오는 유럽에서 아시아로, 아시아에서 남미로 종횡무진 누비며 많은 돈을 벌었습니다.

그런 어느 날, 거센 폭풍우와 집채만 한 파도가 배를 덮쳤습니다. 마테오는 가까스로 목숨을 건졌지만 한순간에 모든 것을 잃었습니다.

이제 어떻게 살아야 하나.

마테오는 절망했습니다. 가진 것 하나 없는 그는 부랑자가 되어 세상을 떠돌기 시작했습니다. 비에 젖고 바람에 떠밀려가며 마테오는 하염없이 걸었습니다.

발가락에 물집이 생겨 더 이상 걸을 수 없게 됐을 때, 그는 어느새 고향의 산봉우리에 올라 있었습니다. 목동 시절 무수히 많은 단어들을 외치던 봉우리였지만 마테오는 그때 일을 기억하지 못했습니다. 다만 발

아래 까마득한 절벽이 두려울 뿐이었습니다.
그때 어디선가 천사의 음성이 들려왔습니다.

'행복한 아침…….'

마테오는 바닥에 털썩 주저앉았습니다. 하늘에서, 아니 계곡 어딘가에서 소년의 목소리처럼 앳된 천사의 음성이 계속 울려 퍼졌습니다.

'시원한 바람, 새로운 내일…….'
마테오는 귀를 기울였습니다. 천사의 음성을 듣는 것만으로도 그는 선택받은 느낌이었습니다.

기적은 언제나 내 곁에 있어.
텅 빈 손 위에 하늘이 담겨 있어.
널 사랑해.

'하나씩, 하나씩 또박또박 이겨내며 사는 거야.'
그 말을 끝으로 천사의 음성은 더 이상 들리지 않았습니다. 하지만 그것으로 충분했습니다. 천사가 날 지켜보고 있구나. 마음 깊은 곳에서부터 알 수 없는 힘이 솟아나는 느낌이었습니다.

잠시 후 마테오는 몸을 일으켰습니다.

하나씩, 하나씩 또박또박…….

봉우리를 떠나는 그의 발걸음은 몰라보게 가벼웠습니다.

다시 시작해야지. 양 한 마리부터 키우는 거야. 두 마리, 세 마리로 늘려나가는 거야.

한 걸음씩 디딜 때마다 마테오는 해야 할 일을 떠올렸습니다. 한꺼번에 다 이루긴 힘들 테니 하나씩 야금야금 이겨나가기로 했습니다.

목동 시절에 그는 말더듬증을 고치려고 이른 새벽, 늦은 밤마다 봉우리에 올라 수많은 시와 명언을 외쳐댔습니다. 너무도 많이 쏟아냈기에 일일이 기억조차 할 수 없는 구절들이었지만, 첩첩산중 골짜기 곳곳에는 목동의 간절한 목소리가 고스란히 새겨져 있었습니다.

나뭇가지와 바위틈, 작은 동굴과 수풀 사이에 스며든 채 잠들어 있던 그 목소리들은 오랜만에 주인을 만나면서부터 다시 깨어나기 시작했습니다. 자신의 간절한 마음에 화답하듯 목소리들이 메아리가 되어 다시 울려 퍼졌다는 사실을 정작 마테오 본인은 몰랐던 것입니다.

마음 밭에
희망 씨앗을
심어봐

기왕에 입을 열어 말을 할 거라면
힘 빠지는 말보다 힘이 되는 말을 했으면 해.

어차피 품어야 할 마음이라면
차가운 마음보다 따뜻한 마음을 품었으면 해.

매 순간 누려야 할 기분이라면
어두운 기분보다 밝은 기분을 누렸으면 해.

그 한마디, 그 마음, 그 순간들을
날마다 곳곳에 심어두는 거야.

언젠가 일어서야 할 힘이 필요할 때
곳곳에 심어두었던
그 한마디, 그 마음, 그 순간들이
새록새록 피어날 테니까.

5

CHAPTER

임신 5개월 뇌태교

• 17~20주 •

임신 18주에는 뇌 발달이 계속됩니다. 촉각, 미각, 청각이 뚜렷해지고 움직임이 더욱 활발해져 팔을 구부렸다 펴기도 하고 발길질도 합니다. 임신 20주에는 후각, 미각, 청각, 시각 같이 감각을 특별히 담당하는 부분별 뇌가 발달하고 뇌에 주름이 생기기 시작합니다. 특히 청각이 발달하여 외부에서 들려오는 소리를 들을 수 있으므로 태교 음악이 효과를 볼 수 있습니다. 부모의 목소리는 물론 시계의 알람 소리까지 들을 수 있습니다. 큰 소리로 싸우는 일은 삼가야 하며 산모의 마음을 즐겁고 평온하게 하는 것이 좋습니다. 임신 5개월에는 몸의 균형을 담당하는 전정기관이 완전히 성숙해집니다. 태담 태교를 본격적으로 해줄 수 있습니다. 태아에게 가볍게 인사하거나 다정하게 얘기를 나눕시다. 냄새의 정보를 판독하는 뇌 역시 발달하므로 엄마는 좋은 향기를 맡고 좋은 기분을 가지도록 합시다.

김영훈 박사님의 주별 뇌태교 이야기

17 weeks

아기는요

손톱과 발톱은 물론 지문도 생깁니다. 단맛과 쓴맛을 구분하며, 조용한 음악을 들으면 안정된 모습을 보이고 요란한 소리가 들리면 불안해합니다.

엄마는요

임신부에 따라 얼굴에 임신성 기미가 생기기도 합니다. 자궁은 계속 커지고, 복부의 인대가 늘어나면서 하복부에 통증이 느껴집니다. 임신에 의한 호르몬 생성은 눈에도 영향을 주어 임신부에 따라 시력이 약해지고 눈이 건조해 뻑뻑해지기도 합니다.

아빠는요

출산 준비를 위해 순산 체조 교실에 함께 등록하고, 정기 검진 시 엄마와 함께 병원에 가서 임신의 기쁨을 공유합시다. 태아의 오감이 어느 정도 발달하는 시기이므로 엄마와 함께 호기심과 지적 자극을 충족시켜줄, 아름다우면서 자유로운 상상을 할 수 있는 창작 그림책을 읽어줍시다.

18 weeks

아기는요

열 개의 손가락과 발가락, 네 개의 방으로 구분된 심장, 그리고 제 모양의 두뇌를 초음파를 통해 확인할 수 있습니다. 뇌 발달이 계속되어 촉각, 미각, 청각이 뚜렷해지고 움직임이 더욱 활발해져 팔을 구부렸다 펴기도 하고 발길질도 합니다. 태아의 머리에서 귀가 돌출되기 시작합니다.

엄마는요

위에서 꼬르륵 소리가 나고 부글거리는 것 같으면 태동일 확률이 높으므로 주의를 기울여봅시다. 아직 태동이 미미하므로 남편까지 태동을 느끼지는 못합니다.

아빠는요

아빠는 임신으로 인해 예민해진 엄마를 정서적으로 안정시키는 일에 힘을 써야 합니다. 임신 출산에 대한 두려움으로 엄마의 우울증이 심해질 수 있으므로 감정을 자극하지 말고 대화를 통해 서로의 생각과 느낌을 나눠봅시다.

19 weeks

아기는요

보통 임신 18~22주에 실시하는 초음파검사를 통해 완전한 형상을 갖춘 태아의 모습을 볼 수 있습니다. 머리 둘레는 4.5cm까지 자라 머리가 몸 전체의 3분의 1을 차지합니다. 심박동이 활발해 청진기로 태아의 심장 소리를 들을 수 있습니다.

엄마는요

태아가 자람에 따라 자궁저는 14~18cm 높이까지 올라갑니다. 임신선이라고 부르는 짙은 색 선이 아랫배 중간 지점에 세로로 나타나고 때로는 종아리 뒤에 나타나기도 합니다. 유두 주변의 검은 부분이 점차 넓어지는데, 출산 후 1년 정도 지나면 없어집니다.

아빠는요

태아가 성장함에 따라 엄마에게 요통이나 정맥류가 생길 수 있으므로 엄마의 가슴과 허리, 다리를 수시로 마사지해줍시다.

20 weeks

아기는요

감각기관의 발달에 매우 중요한 시기로 후각, 미각, 청각, 시각을 전적으로 담당하는 뇌가 발달하고 뇌에 주름이 생기기 시작합니다. 피부 표면에 피지선에서 분비되는 태지가 보이기 시작하는데 태지는 분만 시에 산도를 부드럽게 통과할 수 있는 윤활유 역할을 합니다.

엄마는요

임신 기간 중 가장 안정된 시기로 이때부터 자궁은 일주일에 1cm 정도 커집니다. 자궁이 갑작스러운 증가에 수축하려는 성질을 보여 하루 4~6회 정도 배가 단단하게 뭉치는 느낌을 받습니다. 엄마는 태동을 느낌으로써 배 속에 새로운 생명을 품고 있다는 사실을 실감합니다.

아빠는요

태동을 느낄 수 있으므로 아기와 태담을 나눠봅시다. 특히 태아는 저음의 아빠 목소리를 매우 좋아합니다. 평소 하고 싶었던 얘기나 그림책 읽어주기, 노래 불러주기로 태아와 교감해봅시다. 집에 들어와 '오늘 엄마랑 재미있게 지냈어?' 하고 태아에게 가볍게 인사하거나 다정하게 얘기를 나눠보세요.

말풍선 마을

이 마을 사람들은 남의 말에 귀를 기울이지 않습니다. 누가 무슨 말을 하는지 들어볼 생각은 않고 그냥 자기 할 말만 툭툭 내뱉습니다. 낯선 사람이 길을 물어도 못 들은 척 휙 지나치고, 아이가 배고파 울어도 뒤돌아보지 않습니다. 거리의 악사가 연주하는 바이올린 소리는 말할 것도 없습니다.

떠돌이 악사가 이 마을 길모퉁이에서 바이올린을 연주한 지도 벌써 일주일이 다 돼갑니다. 하지만 누구 하나 들어주는 사람이 없었습니다. 그는 바이올린을 가방에 집어넣으며 중얼거렸습니다.

"소리가 필요 없는 마을이구먼."

떠돌이 악사가 마을을 떠나고 하루가 지나자 새소리가 사라졌습니다. 참새가 지저귀고 까치가 울었지만 소리는 들리지 않고 말풍선만 둥실 떠올랐다 흩어졌습니다.

짹짹, 까악까악

다음 날엔 바람 소리와 자동차 소리가 사라졌습니다. 바람이 불고 자동차들이 지나다녔지만 소리는 들리지 않고 말풍선만 둥실둥실 떠올랐다 흩어졌습니다.

휘잉휘잉, 부우웅

사람들은 소리가 사라지고 있다는 사실을 처음엔 눈치 채지 못했습니다. 하지만 여기저기 말풍선이 떠올랐다 흩어지는 것을 보고는 고개를 갸웃거리기 시작했습니다. 사흘째 되는 날엔 더 많은 소리들이 사라졌습니다. 개 짖는 소리, 고양이 울음소리, 물 흐르는 소리, 박수 소리……. 사라진 소리만큼 말풍선 숫자는 점점 더 늘어났습니다.

멍멍, 야옹, 졸졸졸, 짝짝짝

일주일째 되는 날, 마을은 침묵에 잠겼습니다. 소리는 모두 사라지고 셀 수 없이 많은 말풍선들만 허공에 떠올랐다 흩어졌습니다. 하지만 아직 사람들의 목소리만큼은 남아 있었습니다.

"어떻게 된 거야? 왜 소리가 안 들리지?"

"저기 저 말풍선들은 다 뭐야?"

사람들은 우왕좌왕했습니다.

* * *

마을 뒤편 호숫가에 한 여인이 서 있었습니다. 그녀는 볼록해진 배를 쓰다듬으며 슬픈 목소리로 속삭였습니다.

"아가야, 세상이 너무 조용해졌구나."

여인은 자기 목소리마저 사라질까봐 조마조마했습니다.

"엄마 목소리 들리니? 이 노래를 꼭 기억해줄래?"

여인은 배 속의 아기를 위해 노래를 부르기 시작했습니다. 노래는 물결에 실려 호수 저편으로 천천히 퍼져나갔습니다.

노래가 끝나갈수록 그녀의 목소리는 점점 희미해지더니 마침내 들리지 않게 되었습니다. 노래가 끝난 뒤 그녀는 배를 쓰다듬으며 속삭였습니다. 하지만 목소리는 들리지 않고 말풍선만 둥실 떠올랐다 흩어졌습니다.

아가야, 사랑해.

사람의 목소리마저 사라진 뒤 기다렸다는 듯이 겨울이 찾아왔습니다. 눈이 내리고 호수가 얼었습니다. 언제 끝날지 알 수 없는 긴 겨울이 시작된 것입니다.

* * *

호숫가 외딴집에서 귀여운 남자 아기가 태어났습니다. 울음소리 대신 지붕 위로 말풍선이 떠올랐습니다.

응애응애, 응애응애

사람들은 겨울에 태어난 아이를 '겨울이'라 불렀습니다. 겨울이는 소리 없이 겨울만 계속되는 마을에서 걸음마를 시작하고 말을 배웠습니다. 엄마, 아빠라는 말풍선이 하루 종일 집 안에 맴돌았습니다. 겨울이는 자기 입에서 나온 말풍선을 잡으려고 깡충깡충 뛰었습니다. 그렇게 한 살, 두 살 나이를 먹었습니다.

겨울이는 다섯 살이 되었지만 마을은 여전히 얼어붙어 있었습니다. 겨울이는 또래와 어울리기보다는 혼자 놀기를 좋아했습니다. 입에서 말풍선이 나오는 횟수도 점점 줄어들었습니다. 겨울이의 말수가 줄어든 것은 꿈에서 어떤 노래를 들은 뒤부터였습니다. 태어나서 노래는커녕 그 어떤 소리도 들어보지 못했지만, 꿈만 꾸면 들려오는 그 아름다운 가락을 겨울이는 잊을 수가 없었습니다.

* * *

언제부터인가 겨울이는 꿈에서 들었던 노래를 콧소리로 흥얼거리기 시작했습니다. 하지만 소리 대신 겨울이의 머리 위로 텅 빈 말풍선만 떠올랐다 사라졌습니다. 그런 아들을 볼 때마다 엄마는 가슴이 아팠습니다. 아이가 대체 무슨 고민을 안고 있는지 알 수 없어 답답하기만 했습니다.

겨울이는 마음이 답답할 때마다 꽁꽁 얼어붙은 호수 위에서 혼자 썰매를 탔습니다. 얼음 위로 빠르게 미끄러지는 그 느낌이 시원하고 좋았습니다. 그런데 하루는 썰매를 너무 빨리 타는 바람에 그만 우당탕 엎어지고 말았습니다. 그 순간 얼음 밑에서 이상한 소리가 들려왔습니다. 겨울이는 얼음 위에 귀를 바싹 갖다 댔습니다. 볼이 차가워지는 것도 잊은 채 겨울이는 호수 저 밑에서 들려오는 희미한 노랫소리에 넋을 잃었습니다. 매일 밤 꿈에서 듣던 노래였습니다.

겨울이는 틈만 나면 호수로 달려가 얼음 위에 엎드려 노래를 들었습니다. 오른쪽 볼이 차가워지면 왼쪽 볼을 갖다 대고, 왼쪽 볼이 차가워지면 오른쪽 볼을 갖다 대며 하루 종일 노래를 들었습니다. 차디찬 냉기가 겨울이의 몸속으로 파고들었습니다. 겨울이는 심한 감기에 걸리고 말았습니다.

밤새 열이 내리지 않았습니다. 엄마는 시름시름 앓고 있는 겨울이를 쓰다듬고 또 쓰다듬었습니다. 하루, 이틀, 사흘이 흘러도 겨울이는 눈을 뜨지 못했습니다. 엄마는 아이 손바닥에 고개를 파묻고 잠이 들었습니다.

잠든 겨울이의 입에서 잠꼬대처럼 노랫소리가 새어나오기 시작했습니다. 엄마는 깜짝 놀라 눈을 떴습니다. 아이의 입에서 말풍선이 아니라 진짜 노래가 흘러나왔기 때문입니다. 겨울이는 눈을 감은 채 꿈에서 듣고, 호수에서 배운 노래를 부르고 있었습니다.

노래 가락은 바람에 실려 호수 쪽으로 날아갔습니다. 곧이어 호수 저 멀리서 쩌억 쩍 얼음 갈라지는 소리가 들려왔습니다. 갈라진 얼음 틈새로 노랫소리가 새어나왔습니다. 겨울이가 아직 배 속에 있을 때 엄마가 불러준 마지막 노래였습니다. 겨울이의 입에서 나오는 노래와 호수에서 들려오는 엄마의 노래가 만나 신비로운 이중창이 되었습니다. 엄마의 슬픈 눈물도 이제 환희의 눈물로 바뀌었습니다.

"겨울아, 네 목소리가 너무 아름다워."

* * *

호수가 녹기 시작하면서 마을 하늘 위에 떠다니던 말풍선들도 흔적

없이 사라졌습니다. 새소리와 바람 소리, 개 짖는 소리와 고양이 울음 소리가 들려왔습니다. 사람들의 입에서도 말풍선 대신 진짜 목소리가 흘러 나왔습니다.

오랫동안 침묵에 잠겨 있던 마을이 시끌벅적해지기 시작했습니다. 어떤 이는 큰 소리로 이름을 부르며 인사를 건넸고, 또 어떤 이는 자기 목소리가 맞는지 아아, 발성 연습을 해보기도 했습니다. 서로서로 얼싸안고 한 목소리로 노래하는 사람들도 있었습니다. 길모퉁이 어디쯤에서는 떠돌이 악사의 바이올린 소리가 축하 선물처럼 울려 퍼졌습니다.

세상의
모든 소리가
사라진다면

내일 세상의 모든 소리가 사라진다면
소중한 사람들에게
어떤 말을 해줄까?

내일 아무 소리도 들을 수 없게 된다면
지금 이 순간
어떤 소리를 담아둘까?

세상의 모든 소리가 사라져도
세상의 모든 소리를 들을 수 없어도
마음에 전해지는 단 한 마디가 있다면

그 한 마디를 지금 해주는 거야.
사랑하는 사람들에게.

연이의 요리

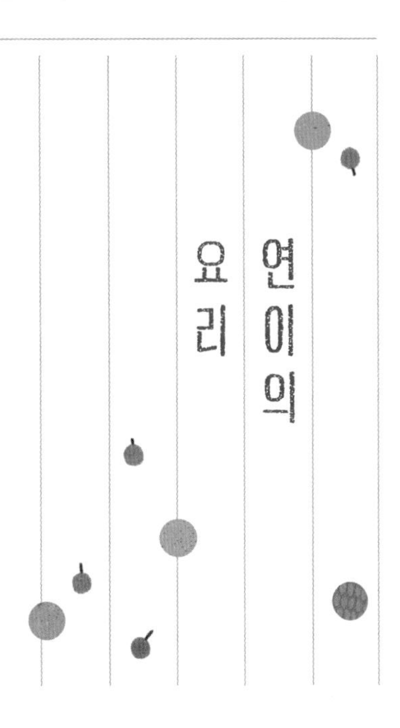

다섯 살 연이가 할아버지랑 소꿉놀이를 하고 있습니다. 할아버지는 찰흙으로 된장찌개를 만들고, 하얀 실로 국수를 만듭니다. 연이는 옆에서 열심히 벽돌 가루를 갈아 고추장을 만듭니다.

다 됐다. 이제 밥상 차려야지.

할아버지는 둥근 돌로 밥상을 만들고, 나뭇가지로 수저를 만듭니다. 연이는 꽃잎으로 예쁘게 밥상을 꾸밉니다.

자, 이제 밥 먹자.

* * *

할아버지, 아.

연이는 종이로 만든 밥을 한 술 떠서 할아버지 입에 가져갑니다. 할아버지는 입을 한껏 벌리고 맛있게 먹는 시늉을 합니다.

냠냠 짭짭, 냠냠 짭짭, 아이고 맛있다. 꿀맛이구나.

연이도 신이 나서 밥을 먹습니다. 찰흙으로 만든 된장찌개도 먹고 고무줄로 만든 고기도 맛있게 먹습니다.

된장찌개 맛은 어떤고?

좀 짜. 근데 맛있어. 난 짠 게 좋아.

고기 맛은 어떤고?

달짝지근해.

김치 맛은 어떤고?

매운데 맛있어.

아이고, 배부르다. 할애비랑 좀 걸을래?

연이와 할아버지는 손잡고 산책을 나갑니다. 가로수, 들꽃, 돌멩이,

풀잎……. 온 세상이 맛있어 보입니다.

연이야, 내일은 무슨 요리를 해볼까?

갑자기 연이 표정이 시무룩해집니다.

내일 올라가잖아.

참, 그렇지. 내일이 벌써 일요일이구나.

* * *

휴가가 끝나고 이제 연이는 엄마 아빠와 서울로 돌아가야 합니다. 연이는 할아버지 품에 한참 안겼다가 손을 흔듭니다. 아빠는 일부러 차를 천천히 몰고, 연이와 할아버지는 오래오래 손을 흔듭니다. 길모퉁이를 돌자 할아버지 모습이 사라집니다. 연이 표정이 또 시무룩해집니다.

내년 추석 때 또 내려올 텐데 뭐.

아빠의 한 마디에 연이는 울먹울먹 눈물을 참습니다.

할아버지가 그렇게 좋아?

엄마의 한 마디에 연이 눈에서 눈물이 또르르 흘러내립니다.

해가 바뀌고 연이는 이제 여섯 살입니다. 아직 어린데 엄마 곁에서 심부름도 하고 라면도 끓일 줄 압니다. 쌀만 잘 씻으면 전기밥솥으로 밥을 할 수 있다는 것도 배웠습니다.

* * *

어느 날 엄마 아빠가 심각한 표정으로 얘기를 나누더니 연이를 불렀습니다.

연이야, 내일 할아버지 오실 거야.

할아버지가?

응, 그런데 할아버지가 좀 아프셔.

어디가? 왜?

할아버지는 아빠의 부축을 받으며 현관으로 들어섰습니다.

할아버지!

연이가 달려가 안겼지만 할아버지는 무표정하기만 합니다. 할아버지의 낯선 반응에 연이는 금세 시무룩해집니다.

할아버지는 하루 종일 창가에 멍하니 앉아 있기만 합니다. 몸이 불편해서 산책도 안 나갑니다. 연이가 무슨 말을 해도 눈만 끔뻑끔뻑합니다. 연이는 할아버지가 점점 남처럼 느껴집니다.

연이야, 엄마 잠깐 나갔다 올게. 할아버지 잘 보살펴드릴 수 있지? 무슨 일 있으면 전화해.

엄마가 외출하고 연이는 할아버지와 단 둘이 남습니다. 할아버지는 거실 창가에 앉아 하늘만 바라보고 있습니다. 연이는 방에 엎드려 그림책을 봅니다.

* * *

연이야, 엄마가 좀 늦을 것 같아. 배고프면 할아버지하고 뭐 시켜 먹을래? 화장대 서랍에 돈 있어.

엄마 전화에 연이는 짜증이 납니다.

배 안 고파. 빨리 와. 할아버지랑 둘이 있기 싫어.

미안, 미안. 조금만 기다려.

집 안에 냉장고 돌아가는 소리, 할아버지 숨소리만 들립니다. 연이 배에서 꼬르륵 소리가 납니다.

라면 끓여 먹어야지.

주방으로 가서 냄비를 꺼내다가 문득 할아버지와 눈이 마주칩니다. 왠지 연이를 알아보는 것 같은 느낌입니다.

할아버지?

하지만 반응이 없습니다.

연이는 라면 봉지를 뜯으려다 잠시 멈춥니다. 해볼까? 할 수 있을까? 망설이다 쌀을 씻기 시작합니다. 빡빡 씻은 쌀을 전기밥솥에 담아 전원을 누릅니다. 그다음 뚝배기에 물을 담고 냉장고에서 된장을 꺼냅니다. 잘할 수 있을까? 맛없으면 어떡하지? 연이는 태어나서 처음으로 요리를 해봅니다.

* * *

할아버지 앞에 작은 밥상이 놓입니다. 밥상 위에는 밥, 된장찌개, 김치, 소시지구이가 차려져 있습니다. 모양도 삐뚤빼뚤, 색깔도 우중충합니다.

할아버지, 아.

연이는 밥을 한 술 떠서 할아버지 입에 가져갑니다. 할아버지는 멍하니 연이만 바라봅니다.

할아버지, 아.

할아버지가 입을 조금 벌리자 연이는 재빨리 밥을 쏙 집어넣습니다. 할아버지는 우물우물 천천히 밥을 씹기 시작합니다. 연이는 된장찌개도 한 술 떠서 할아버지 입에 가져갑니다. 김치도, 소시지구이도.

할아버지, 된장찌개 맛이 어때?

대답이 없습니다.

할아버지, 된장찌개 맛이 어때?

연이가 한 번 더 묻습니다.

……짜.

할아버지가 대답합니다. 연이가 또 묻습니다.

김치 맛은 어때?

……매워.

소시지 맛은 어때?

고소해.

연이는 씩 웃으며 자기도 밥을 먹기 시작합니다.

에이, 맛 되게 없네.

연이 표정이 시무룩해집니다. 그때 할아버지가 또박또박 말합니다.

맛있어. 참 맛있어.

연이는 할아버지를 쳐다보며 웃습니다. 할아버지의 무뚝뚝한 얼굴 위로 살짝, 아주 살짝 미소가 피어납니다.

사람의
맛

맛없는데도 맛있게 먹어주는
그 마음이 사람의 맛이야.

사랑하는 사람
소중한 사람이 멀리 있으면
배보다 마음이 고파져.
사람의 맛이 그리우니까.

흰산의 마지막 여행

초원의 현자라 불리는 코끼리 흰산이 고향을 떠나던 날, 호숫가에 수많은 동물들이 모여들었습니다. 먼저 도착한 사자와 표범은 호숫가를 어슬렁거리고, 코뿔소와 기린, 얼룩말과 치타가 한가롭게 물을 마십니다.

드넓은 초원 위로는 이른 아침부터 시작된 가젤과 누 떼의 행렬이 끝없이 이어지고 있었습니다. 성스러운 의식이 거행되는 오늘 하루만큼은 그 누구도 서로를 해치지 않는 것이 초원의 오랜 약속입니다.

그러나 이 평화로운 모임에조차 끼지 못하는 동물이 있었습니다. 너무도 흉측한 나머지 초원의 모든 동물로부터 따돌림당하는 하이에나 치치였죠. 치치는 늘 그렇듯 황량한 바위 언덕에 홀로 앉아 사나운 눈빛으로 초원을 내려다보고 있었습니다. 빨간 눈, 날카로운 뻐드렁니, 악마처럼 검은 코……. 쳐다보기만 해도 소름 끼치는 얼굴입니다.

* * *

이제 성스러운 의식이 시작될 참입니다. 동물들은 길게 늘어서서 차례차례 코끼리 흰산에게 다가가 그 커다란 귀에 자신의 목소리를 들려주었습니다. 지상에서의 삶을 마치고 이제 코끼리의 별로 떠나는 흰산에게 이 행성에 대한 마지막 기억을 새겨주는 것입니다. 이것은 오래전부터 내려오는 초원의 전통입니다.

전설에 따르면 코끼리에게 자기 목소리를 들려줘야 자손들이 행복하게 살 수 있다고 합니다. 그래서 철새와 들쥐는 물론 아주 먼 곳에 사는 악어들까지 기를 쓰고 달려왔겠죠.

코끼리 흰산은 사자와 기린의 목소리를 귀에 담고, 얼룩말과 하마의 울음소리를 가슴에 새겼습니다. 새들의 노랫소리도 빠뜨릴 수 없었죠.

날마다 숨 쉬듯 당연하게 여겨왔던 소리들입니다. 초원의 오랜 이웃들이 들려주는 이 마지막 소리도 이제는 기억 속에서만 듣게 될 것입니다. 그래서 흰산은 지평선 위로 노을이 짙게 깔릴 때까지 꼼짝 않고 귀를 기울였습니다.

* * *

자, 이제 초원을 떠나야 할 시간입니다.

동물들은 흰산의 처음이면서 마지막인 여행을 위해 조용히 양쪽으로 물러서서 길을 열어주었습니다.

늙은 코끼리들이 향하는 비밀의 장소는 그 누구도 알 수 없습니다. 오로지 때가 되어 자기 차례가 된 코끼리만이 바람과 냄새로 길을 찾을 수 있습니다.

초원의 동물들은 노을을 바라보며 천천히 걸어가는 흰산의 뒷모습을 향해 일제히 몸을 숙였습니다. 지평선 너머로 흰산의 모습이 사라지자 호숫가에 모였던 동물들도 하나둘씩 숲으로 되돌아갔습니다.

잠시 후 땅거미 진 호숫가에 치치의 검은 그림자가 나타났습니다. 치치는 번뜩이는 눈으로 사방을 둘러보며 텅 빈 호숫가를 뒤지기 시작했습니다. 며칠째 굶주렸는지 무엇이든 삼킬 기세였죠.

* * *

흰산은 캄캄한 어둠 속에서도 걸음을 멈추지 않았습니다. 한 번도 가 본 적 없는 곳이지만 흰산은 눈을 감고도 갈 수 있습니다. 마음으로 걷는 여행이기 때문입니다. 흰산은 자신의 귀와 가슴에 목소리를 새겨준 동물들을 되새김질하듯 하나하나 떠올리고 있었습니다. 그런데 먼동이 틀 무렵, 묵묵히 걷고 있던 흰산이 갑자기 걸음을 멈추었습니다. 내내 잊고 있던 치치가 그제야 떠오른 것입니다.

'돌아가야 하나.'

흰산은 지나온 길을 되돌아보며 잠시 망설였습니다. 하지만 마지막 여행길에 오른 코끼리가 다시 고향으로 돌아왔다는 이야기는 들어본 적이 없었습니다. 흰산은 어쩔 수 없이 가던 길을 계속 가야 했습니다.

돌이켜보니 치치의 목소리를 한 번도 들어본 적이 없는 것 같았습니다. 초원의 모든 동물들처럼 흰산 역시 치치를 달가워하지 않기는 마찬가지입니다. 먹이를 노리는 음흉한 얼굴과 날카로운 이빨은 섬뜩하기까지 했습니다.

흰산은 쉬지 않고 걸었습니다.

거친 바위 계곡을 지나고, 황량한 사막을 가로지르는 고난의 행군이었습니다. 몸은 지칠 대로 지치고 발에서는 피가 흘렀습니다. 하지만 이제 조금만 더 가면 세상의 끝이라 불리는 밤의 협곡이 나타날 것입니다. 그 협곡 어딘가에 코끼리들만 알고 있는 신비로운 동굴이 있습니다. 초원의 모든 코끼리들은 때가 되면 다들 그 동굴을 통해 코끼리의 별로 되돌아갑니다.

* * *

드디어 밤의 협곡에 도착했습니다.

흰산은 마지막으로 눈을 들어 자신이 머물렀던 아름다운 대자연을 둘러보았습니다. 그리고 마침내 협곡의 중심을 향해 천천히 걸음을 옮기기 시작했습니다.

동굴 입구에 도착하자 늙은 파수꾼이 나타났습니다. 오랑우탄처럼 생긴 파수꾼은 대대로 동굴을 지켜온 신비로운 존재입니다.

“초원의 모든 소리를 담아 왔는가?”

파수꾼이 물었습니다.

“딱 한 마리, 하이에나의 소리를 잊었습니다.”

“안타깝군. 이제 하이에나 무리에게 큰 액운이 닥치겠어.”

"그 전설이 사실입니까?"

파수꾼은 고개를 끄덕이며 이렇게 말했습니다.

"어쨌든 선택은 그대 몫일세. 이대로 동굴로 들어가든 초원으로 되돌아가든 모든 게 자네 몫이야."

흰산은 망설였습니다. 망설임은 새벽까지 이어졌습니다.

* * *

날이 밝았을 때 흰산은 왔던 길을 되돌아가고 있었습니다. 황량한 사막을 가로지르고 거친 바위 계곡을 지나야 하는 고난의 행군이었습니다. 몸은 지칠 대로 지치고 발에서는 또다시 피가 흘렀습니다.

땅거미가 내릴 즈음, 어디선가 기분 나쁜 울음소리가 들려왔습니다. 고개를 들어 사방을 둘러보던 흰산의 눈에 거뭇한 형체가 들어왔습니다. 그것은 치치였습니다. 치치는 큰 나무가 있는 습지에서 잠든 무리들을 지키고 있었습니다.

흰산은 치치가 있는 쪽으로 걸음을 옮겼습니다. 그리고 수풀 뒤에 숨어 치치의 목소리에 귀를 기울였습니다. 난생 처음 듣는 치치의 목소리는 소름 끼치도록 기괴했습니다. 그래도 흰산은 꾹 참고 들어야만 했습니다.

아가야, 오늘도 초원은 푸르렀단다. 이제 곧 태어나면 너도 아빠랑 저 푸른 초원을 달리겠지. 초원은 아름다우면서도 위험한 곳이야. 하지만 두려워할 것 없단다. 아빠가 늘 지켜줄 테니까.

흰산은 깜짝 놀랐습니다. 눈을 가늘게 뜨고 보니 치치의 짝인 암컷 하이에나의 배가 불룩했습니다. 치치는 배 속의 새끼에게 이야기를 들려주고 있었습니다.

아빠 목소리가 곱지 않아 미안하구나. 초원의 다른 동물들도 내 목소리를 달가워하지 않는단다. 하지만 이런 목소리라도 아빠 마음을 너에게 꼭 전해주고 싶구나. 아빤 널 사랑해.

* * *

그날 밤 코끼리 흰산은 귀를 한껏 열고 새벽이 올 때까지 치치의 목소리를 들었습니다. 듣기만 해도 음산하고 오싹했던 그 소리가 어느새 자장가처럼 느껴졌습니다. 꼭 들어야 할 목소리를 놓치지 않은 게 천만 다행이라는 생각도 들었습니다. 지금 흰산에게 치치의 목소리는 세상에서 가장 귀한 음성이었기 때문입니다.

밤하늘의 별도 운행을 멈추고, 세차게 불던 바람도 잠잠해진 초원 위로 치치의 목소리가 하염없이 이어졌습니다.

마음을 열면
진심이 들려

너의 작은 귀로
세상의 모든 소리를 들어봐.

아름다운 음악도 듣고
정겨운 목소리도 듣고
감동적인 시도 듣는 거야.

또 가끔은 귀가 아닌
마음으로도 들어봐.

귀를 열면 소리가 들리고
마음을 열면 진심이 들리니까.

6
CHAPTER

임신 6개월 뇌태교

• 21~24주 •

임신 21주에는 입속에 성인보다 더 많은 미각 봉우리가 있어 맛에 반응하기 시작합니다. 임신 22주에는 청력이 발달해 하루 24시간 내내 엄마의 심장 소리, 장운동 소리, 자궁으로 가는 혈류 소리 등을 듣습니다. 그 외에도 엄마를 통해서 몸 밖에서 나는 소리, 즉 이른 아침에 울리는 알람시계 소리, 그릇 부딪는 소리, 자동차 소리, 음악 소리, 심지어는 엄마 아빠가 싸우는 소리까지 다양하게 들을 수 있습니다. 1시간에 한 번 꼴로 집 안을 환기시켜주고 주말에는 가까운 삼림욕장에 가서 나무가 내뿜는 향과 솔잎의 테레빈 향기를 마음껏 마셔보세요. 영양이 풍부한 식품을 선택하되 어느 한쪽으로 치우치지 말고 골고루 먹어야 합니다. 과식은 좋지 않습니다. 소금은 적게, 칼로리는 낮게, 영양은 높게 조리합시다. 임신부에는 배에 강한 시각적 자극을 줄 수 있는 불빛이 현란한 곳의 출입은 금해야 합니다.

김영훈 박사님의 주별 뇌태교 이야기

21 weeks

아기는요

입속에 어른보다 더 많은 미각 봉우리가 있어 맛에 반응하기 시작합니다. 쓴맛이 양수 속으로 들어가면 거의 마시지 않는 반면 단맛에는 반응이 빨라 2배 이상 빨리 마십니다.

엄마는요

평소보다 갑상선 기능이 활발해지기 때문에 땀을 많이 흘립니다. 자궁이 커지면서 폐를 압박해 조금만 가파른 길을 걸어도 숨이 찹니다. 체중 관리를 잘해야 숨가쁨을 조금이라도 줄일 수 있답니다. 과로나 장거리 여행, 장시간의 스포츠 등을 피하고, 넘어지지 않도록 조심합시다.

아빠는요

태아의 뇌는 맛있는 음식이나 꽃향기 같은 자연의 냄새를 좋아하는데, 냄새를 기억할 수 있습니다. 엄마와 맛있는 음식을 먹고 자연을 산책하면서 나무와 꽃의 향기를 맡을 수 있는 시간을 가져보세요. 엄마의 호르몬이 태반을 통해 태아의 뇌에 전해져 태아도 기분이 좋아집니다.

22 weeks

아기는요

양수가 증가해 손발을 자유롭게 움직이며 몸의 방향도 자주 바뀌 거꾸로 서 있는 경우가 많습니다. 청력이 발달해 엄마의 심장이 뛰는 소리, 음식물이 소화될 때 위에서 나는 소리, 혈관에서 혈액이 흐르는 소리 등은 물론 자궁 밖에서 나는 모든 소리를 들을 수 있습니다.

엄마는요

문득문득 드는 출산에 대한 두려움, 몸의 불편함 등으로 임신 우울증이 생기기도 합니다. 기분 좋은 음악은 엄마의 스트레스와 불안감을 해소시켜주고 마음을 평온하게 해줍니다. 클래식, 가곡, 가요, 국악, 민요 등 엄마의 몸과 마음이 평안해지는 음악은 모두 좋습니다.

아빠는요

배 속의 아이와 태담을 나눕시다. 일상사를 나누어도 좋고 아빠의 다짐을 이야기해주어도 좋습니다. 가능하면 긍정적이고 밝은 이야기를 많이 해줍시다.

23 weeks

아기는요

입술은 보다 분명해지고 눈썹과 눈꺼풀이 제자리를 잡습니다. 전체 모습이 서서히 균형 잡혀가고 두개골, 척추, 갈비뼈, 팔, 다리 등을 확실히 알아볼 수 있습니다.

엄마는요

임신 전보다 체중이 5–6kg 증가해, 등이나 허리가 아프고 발이 붓거나 다리가 저리는 경험을 많이 합니다. 자주 걸으면 다리와 허리 통증, 부종도 사라지며 충분한 숙면을 취할 수 있습니다. 컨디션이 좋고 화창한 날을 택해 하루 20–30분씩 걸어보세요.

아빠는요

엄마와 같이 산책을 합시다. 산책은 아기에게 풍부한 산소를 공급해 뉴런의 활성화에도 도움이 됩니다. 태아의 뉴런이 활성화되면 머리가 좋아질 뿐 아니라 감성이 풍부해진답니다. 최대 30분 정도로 임신부의 몸 상태를 봐가며 산책 시간을 조절합시다.

24 weeks

아기는요

양수에 두둥실 떠다니며 손발을 자주 움직입니다. 엉덩이와 발을 위로 추켜든 물구나무 자세를 취하고 있습니다. 피부가 완연히 불투명해지고 불그스름한 빛을 띱니다.

엄마는요

배가 점점 불러와 몸의 균형을 잡기 어렵고 빈혈이 생기거나 현기증을 느끼기 쉽습니다. 엄마가 예쁜 그림을 보면 기분이 좋아지고 태아도 기분이 좋아집니다. 직접 그림을 그리거나 아름다운 그림책을 읽어보세요. 전시회에 가서 직접 그림을 감상하는 것도 좋습니다.

아빠는요

엄마의 배에 대고 이야기하는 것도 좋지만 태아에게 직접 그림책을 읽어주는 것도 아빠가 쉽게 실천할 수 있는 태담입니다. 하루에 한 권씩 그림책을 읽어주면 아빠의 감성도 키우고 태아와 대화도 할 수 있습니다. 태명을 정해 이름을 불러주면서 대화를 하듯 그림책을 읽어주세요.

"부탁이에요. 딱 한 달만 인간으로 살아보고 싶어요."

엘라가 대천사를 또 졸라댑니다.

"아서라. 인간으로 산다는 건 결코 쉬운 일이 아니야."

대천사는 절대 허락하지 않습니다. 하지만 엘라의 고집도 만만치 않습니다. 밤낮으로 대천사를 졸졸 따라다니며 '딱 한 달만, 딱 한 달만' 하며 조르고 또 조릅니다.

"도대체 왜 인간이 돼보고 싶은 게냐?"

"너무 궁금하잖아요. 저렇게 웃고 기뻐하는 기분이 어떤 건지 너무 너무 궁금해요."

"그건 네가 웃는 모습만 봐서 그래. 인간은 슬프고 외로워서 울기도 하고 아파서 비명을 지르기도 하지. 즐겁고 행복한 순간은 아주 잠깐일 뿐이야."

"그래서 더 궁금해요. 슬프고 외롭고 아픈데도 웃을 수 있다는 게 너무 신기하지 않아요?"

대천사는 엘라의 고집에 질렸습니다. 그냥 놔두면 영원히 따라다니며 귀찮게 할 것 같았습니다.

'안 되겠다. 한 달 동안 아주 고단한 삶을 살아보게 해줘야겠어. 그래야 정신 차리지.'

대천사는 엘라를 청소부 아줌마로 둔갑시켜 인간 세상으로 내려보냈습니다.

* * *

엘라는 혼자 사는 40대 청소부 아줌마가 되어 한 달 동안 인간의 삶을 체험하게 되었습니다. 엘라는 매일 새벽 4시에 일어나 버스를 타고 일터로 나가 고된 청소 일을 해야 했습니다. 처음엔 전혀 힘들지 않았습니다. 차가운 새벽 공기는 마냥 싱그러웠고, 반갑게 인사하는 이웃들도 정겹기만 했습니다. 하지만 사흘째 되는 날, 온몸이 욱신욱신 쑤셔오는가 싶더니 몸살을 앓기 시작했습니다. 아픈 몸으로 하루 종일 대형 빌딩 복도와 화장실을 청소하느라 진땀을 흘려야 했습니다. 딱딱한 휴게실 소파에 기대어 혼자 시름시름 앓고 있자니 눈물이 흘러내렸습니다. 엘라는 눈물 맛이 짜다는 걸 알았습니다.

"내일부터 안 나오셔도 됩니다."

몸살은 나았지만 엘라는 청소부 일을 잃었습니다. 다른 일자리를 찾아봤지만 경력이 없어 번번이 퇴짜를 맞았습니다. 엘라는 일을 하지 않기로 했습니다.

'남은 시간 동안 여행을 다녀야겠어. 난 일만 하려고 내려온 건 아니니까.'

엘라는 배낭을 메고 무작정 걷기 시작했습니다. 굶지 않으려면 차비를 아껴야 했고, 차비를 아끼려면 걸을 수밖에 없었습니다.

엘라는 산에 올라 도시를 한눈에 내려다보며 감탄했습니다. 바닷가에 앉아 하루 종일 파도를 구경하고, 낯선 여행객들과 어울려 잠시 즐거운 대화를 나누기도 했습니다. 그러다 밤이 되면 허름한 민박집에서 혼자 쓸쓸히 잠이 들었습니다.

어차피 보름 뒤면 다시 하늘로 돌아갈 몸이기에 한 달짜리 인생이 그다지 힘든 건 아니었습니다.

'하지만 이렇게 평생을 살아야 한다면 어떨까?'

엘라는 인간의 몸으로 산다는 게 정말 만만치 않다는 걸 알게 되었습니다.

인간 세상에 내려온 지 3주째 되던 어느 날, 엘라는 배낭을 잃어버렸습니다. 편의점 파라솔 의자에 잠시 놔둔 채 화장실에 다녀온 사이 누가 가져가버린 겁니다. 지갑도 갈아입을 옷도 없이 엘라는 노숙자 처지가 되고 말았습니다. 엘라는 처음으로 화가 났습니다.

엘라는 기차역 대합실에 앉아 오가는 사람들을 구경했습니다. 반갑게 얼싸안는 사람, 이별을 앞두고 눈물 흘리는 사람, 엄마 아빠 손을 잡고 신나게 춤추는 아이…….

엘라는 모든 인간의 삶이 다 자기처럼 힘든 건 아닐 수도 있다고 생각했습니다. 대천사가 일부러 힘든 삶을 주었다는 것도 이미 눈치 챘습니다.

‘시간이 좀 더 주어졌더라면 난 어떻게 살았을까?’

남들처럼 결혼을 하고 가정도 꾸리고, 인생의 계획을 세워서 열심히 살 수 있었을까? 문득 두려워졌습니다. 하지만 두려움뿐만은 아니었습니다. 알 수 없는 설렘도 느껴졌습니다. 인간의 마음이란 참 복잡하구나. 엘라는 고개를 절레절레 흔들었습니다.

남은 일주일 동안 엘라는 아무것도 가진 것 없이 걷기만 했습니다. 배가 고프면 ‘천사 급식소’라고 적힌 식당에 들어가 국밥을 얻어먹었습니다. 밤이 되면 노숙자들 틈에 끼어 쪽잠을 잤습니다. 그렇게 하루, 이틀 견디는 동안 어느새 인간 세상에서의 마지막 날이 밝아왔습니다.

* * *

엘라는 볼썽사나운 모습이 되어 놀이터 벤치에 앉았습니다. 놀이터 모래밭에 작고 귀여운 아이가 혼자 놀고 있었습니다. 세 살? 다섯 살? 엘라가 손을 흔들자 아이도 손을 흔들었습니다.

“우리, 친구할까?”

아이는 웃으며 고개를 끄덕였습니다. 엘라는 아이 곁에 다가가 함께 모래집을 지었습니다.

"눈 꼭 감아야 돼."

엘라는 아이가 시키는 대로 눈을 감았습니다. 아이는 작고 하얀 손으로 엘라의 손을 꼭 잡았습니다. 그리고 나머지 손으로 모래를 한 줌 쥐어 손바닥 위에 살살 뿌려주기 시작했습니다. 모래알갱이들이 엘라의 손바닥을 간질이며 손가락 사이로 흘러내렸습니다. 아이는 천천히, 아주 천천히 모래를 뿌려주었습니다.

"나도 해줘."

아이가 눈을 감고 손바닥을 펼쳤습니다. 엘라는 아이 손을 잡고 모래를 한 줌 쥐어 살살 뿌려주었습니다. 모래알갱이가 아이 손을 간질이며 손가락 사이로 흘러내렸습니다. 아이는 까르르 웃었습니다.

"아줌만 누구야?"

"난 천사야."

"천사? 나도 천산데."

"정말?"

"응. 엄마가 그랬어. 하늘에서 내려온 천사라고."

"그렇구나. 너도 천사구나."

아이는 내일도 같이 놀자고 했습니다. 엘라는 오늘 멀리 떠나야 한다고 말했습니다. 아이는 조금 시무룩해졌다가 엘라에게 작은 돌멩이를 쥐어주었습니다.

"이게 뭐야?"

"친구 표시. 나 보고 싶을 때마다 이거 만지면 돼."

작고 반질반질한 돌멩이였습니다.

엄마가 부르는 소리에 아이는 손바닥을 탁탁 털고 일어났습니다. 그리고는 엘라를 살며시 껴안은 다음 작은 손을 흔들며 놀이터를 떠났습니다.

엘라는 놀이터 벤치에 앉아 하늘을 향해 고개를 끄덕였습니다. 잠시 후 놀이터에는 아무도 보이지 않았습니다.

* * *

"그래, 인간으로 살아본 소감이 어떠냐?"

대천사가 물었습니다.

"쉽지만은 않았어요."

"다신 인간 세상에 보내달라고 조르지 않겠지?"

"예."

"혹시 그리운 건 없고?"

엘라는 망설이다가 천천히 입을 열었습니다.

"많이 그리워질 것 같아요."

엘라는 홀로 하늘 정원을 걸었습니다. 멀리 구름 사이로 인간 세상이 보였습니다. 엘라는 손에 꼭 쥐고 있던 돌멩이를 보며 속삭였습니다.

내가 꼭 지켜줄게.

너와
함께
누릴 거야

언젠가는 너와 함께
이른 새벽, 비에 젖은 흙냄새를 맡을 거야.

오솔길을 함께 걸으며
발목을 적시는 풀잎 이슬을 느껴볼 거야.

너의 앙증맞은 손에
작고 반질반질한 조약돌을 쥐어줄 거야.

매순간
살아 있다는 느낌.
매순간
사랑한다는 느낌.
너와 함께 누릴 거야.

스카프의 꿈

기다란 빨랫줄에 빨간 스카프가 널려 있습니다. 비가 내리고 밤이 지나도 스카프는 그대로입니다.

주인이 날 잊은 거야.

처음엔 슬펐고, 다음엔 화가 났습니다.

나도 주인을 떠날 거야.

스카프는 지나가는 바람에게 부탁했습니다.

바람아, 날 멀리멀리 보내줄래?

갑자기 세찬 바람이 불어왔습니다. 스카프는 바람에 실려 멀리멀리 날아갔습니다.

* * *

스카프는 한동안 훨훨 날아다니기만 했습니다.

그러다 문득 외로워졌습니다.

나는 스카프야. 누군가의 목을 감싸고 있어야 진정한 스카프가 될 수 있어. 그런데 누구한테 날아간담?

스카프는 제 주인을 스스로 선택하고 싶었습니다. 고민 끝에 스카프는 이렇게 결정했습니다.

세상에서 가장 행복한 사람한테 날아가야지.

이제 세상에서 가장 행복한 사람을 찾는 일만 남았습니다.

스카프는 사람들이 모여 사는 큰 도시로 날아갔습니다. 그 도시에 사는 사람들은 워낙 바빠서 하늘을 쳐다볼 여유마저 없었습니다. 스카프는 마음 놓고 도시의 하늘을 훨훨 날아다녔습니다.

옳지, 저기 저 부잣집 귀부인이 좋겠다.

스카프는 도시에서 가장 크고 화려한 저택으로 날아갔습니다. 마침 귀부인은 커다란 식탁 앞에서 진수성찬을 즐기고 있었습니다. 스카프는 창문으로 살짝 들어가 식탁 위에 곱게 내려앉았습니다. 그때 귀부인이 하녀에게 소리쳤습니다.

어머, 식탁 위에 걸레를 놔두면 어떡해!

하녀는 냉큼 달려와 스카프를 거둬 갔습니다.

걸레라고? 내가 그렇게 초라한가?

스카프는 화가 났습니다.

저 귀부인은 절대로 행복할 리가 없어.

* * *

젊은 하녀는 주방 거울 앞에 서서 빨간 스카프를 목에 감기도 하고 머리에 써보기도 했습니다. 제법 잘 어울렸습니다.

안 그래도 스카프를 꼭 갖고 싶었는데 이게 웬 횡재야?

하녀는 스카프로 머리를 감싼 채 하루 종일 고되게 일했습니다. 늦은 밤, 하녀는 스카프를 벗어 머리맡에 곱게 접어 두고 잠이 들었습니다. 피로에 지친 하녀의 얼굴을 보며 스카프는 생각했습니다.

날 아껴주긴 하겠지만 아무래도 행복해 보이지는 않아.

스카프는 둥실 날아올라 밖으로 날아갔습니다.

＊ ＊ ＊

아무한테나 막 날아가면 안 되겠어.

스카프는 주인을 좀 더 신중하게 골라야겠다고 생각했습니다.

행복해 보이는 사람한테 가까이 가서 쭉 관찰해보는 거야. 정말 행복한지 아니면 겉으로만 행복한지 알아야 하니까.

그날부터 스카프는 이 사람, 저 사람 찾아다니며 며칠 동안 쭉 지켜봤습니다. 하지만 마음에 쏙 드는 사람은 한 명도 만나지 못했습니다.

어떤 사람은 많은 이들이 따르고 존경했지만 사실은 건강이 좋지 않아 늘 걱정이었습니다. 또 어떤 사람은 아주 건강했지만 돈이 부족해서 늘 불만이었습니다. 입만 열면 행복을 이야기하는 어떤 작가는 자기 책이 잘 안 팔린다며 늘 투덜거리곤 했습니다.

도대체 행복한 사람은 어디 있는 거야?

스카프는 슬슬 지치기 시작했습니다. 세상에서 가장 행복한 사람은 커녕 '적당히 행복한' 사람조차 만나기 어려웠습니다.

내가 너무 욕심을 부렸나?

스카프는 애초에 행복한 사람을 찾는다는 생각부터 잘못된 게 아닐까 의심스러웠습니다.

* * *

가로등 위에 잠시 내려앉아 쉬고 있던 어느 날, 스카프는 드디어 행복한 사람을 찾았습니다. 그 사람은 바로 늙은 청소부였습니다. 마침 청소부는 하루 일을 마치고 가로등 밑에서 누군가와 통화를 하고 있었습니다.

그럼, 아빠는 늘 행복하지. 어제도 행복했고 오늘도 행복하단다. 내일도 행복할 거야. 우리 딸도 행복하지?

청소부는 휴대전화로 오랫동안 딸과 이야기를 나눴습니다.

스카프는 며칠 동안 청소부를 따라다니며 쭉 지켜봤습니다. 자동차가 흙탕물을 튀기며 지나가도 '괜찮아요, 괜찮아' 하고 손을 흔드는가 하면 술 취한 행인이 발 앞에 쓰레기를 툭 내던져도 그냥 웃기만 했습니다. 그렇게 하루 일을 다 마치고 나면 청소부는 늘 딸에게 전화를 걸어 도란도란 이야기를 나누었습니다.

그럼, 아빠는 늘 행복하지. 내일도 행복하게 지내렴.

스카프는 결심했습니다.

그래, 저 할아버지로 정했어.

스카프는 청소부 어깨 위로 살짝 내려앉았습니다.

응? 웬 스카프지?

청소부는 빨간 스카프를 만지작거리다 딸에게 전화를 걸었습니다. 스카프는 청소부와 딸의 대화를 엿들을 수 있었습니다.

* * *

얘야, 내가 방금 예쁜 스카프를 하나 주웠구나.

스카프요? 저도 몇 달 전에 스카프를 하나 주웠는데 금방 잃어버렸어요. 빨간 스카프였는데.

이것도 빨간 스카픈데 너 필요하지 않니?

아니 전 괜찮아요. 날도 추운데 아빠 목에 두르세요. 감기 드시면 안 되잖아요.

그래도 나보단 너한테 잘 어울릴 것 같은데?

전 어제 주인아주머니가 쓰시던 거 하나 받았어요. 그러니까 아빠,

스카프 꼭 하고 다니세요, 네?

응, 그래 알았다. 너 정말 안 힘들어?

하나도 힘들지 않아요. 다들 너무 잘해주셔서 참 편해요.

정말 고마우신 분들이구나.

이번 추석 때 찾아뵐게요. 아빠 사랑해요.

그래, 나도 우리 딸 사랑해.

청소부는 딸이 시키는 대로 스카프를 목에 둘렀습니다. 스카프와 청소부는 오래전부터 함께였던 것처럼 잘 어울렸습니다.

이제야 진짜 주인을 만났구나.

스카프는 행복했습니다.

청소부는 어딜 가나 스카프를 꼭 두르고 다녔습니다. 종일 힘든 일을 하면서도 청소부는 늘 미소를 잃지 않았습니다.

* * *

그 후로 많은 시간이 지났습니다.

세월이 흐르고 아무리 낡고 해져도 청소부는 스카프를 버리지 않았습니다.

덕분에 스카프는 청소부의 딸이 듬직한 남편을 만나 결혼하는 모습도 보았습니다. 또 귀여운 손자, 손녀가 할아버지 품에 안기는 모습도 보았습니다.

꿈이란 건 이렇게 이루어지는 거구나.

스카프는 그 뒤로도 이 행복한 가족과 오래오래 함께했습니다.

행복은
공짜야

누가 '괜찮아'라고 말하지 않아도
이미 스스로 괜찮은 사람이
행복한 사람이야.

언젠가는 행복해질 거라고 믿기보다
지금 이 순간이 행복하다고 여기는 사람이
행복한 사람이야.

행복은 공짜야.
노력해서 얻는 것이 아니라
언제든 잡을 수 있고
언제든 누릴 수 있는 게 행복이야.

7
CHAPTER

임신 7개월 뇌태교

• 25~28주 •

시각과 청각은 다른 감각에 비해 일찍 반응을 보이는 편입니다. 임신 28주 정도면 엄마가 보내주는 멜라토닌이라는 호르몬의 증감을 통해 뇌에서 명암을 느낄 수 있습니다. 태아는 눈부신 빛에서는 불안해하고 부드러운 빛에서는 편안함을 느낍니다. 폐가 움직여 공기를 받아들일 수 있고, 뇌간에서 발생한 규칙적 리듬이 호흡을 가능하게 하므로 자궁 밖에 나와도 살 수 있는 최소한의 요건을 갖추게 됩니다. 쓴맛과 단맛까지 구별할 수 있습니다. 임신 28주의 태아가 가장 좋아하는 소리는 엄마의 부드러운 목소리입니다. 또 아름다운 음악이나 새소리, 벌레 소리와 같은 자연의 소리가 들려오면 움직이던 것을 멈추고 조용히 감상합니다. 외부에 대한 반응도 빨라져서 엄마가 배를 두드리면 발로 두드리는 곳을 차서 반응을 보입니다. 부모들은 말과 행동을 조심해야 합니다.

김영훈 박사님의 주별 뇌태교 이야기

25 weeks

아기는요

붙어 있는 눈꺼풀이 위아래로 갈라지며, 엄마가 보내주는 멜라토닌이라는 물질의 증감을 통해 명암을 느낄 수 있습니다. 탯줄이나 손가락이 입 근처에 있으면 반사적으로 얼굴을 돌리거나 손가락을 빨기도 합니다.

엄마는요

배가 불러 잠을 자는 데 어려움을 겪을 수 있습니다. 임신선은 피부가 늘어남에 따라 피부 밑의 모세혈관이 터져 피부 밖으로 보이는 현상인데 대부분 출산 후 사라집니다.

아빠는요

눈부신 빛은 태아를 불안하게 하므로 TV를 하루 종일 보는 것은 태아의 뇌 발달에 바람직하지 않습니다. 명화나 아름답고 재미있는 그림책의 그림을 보도록 합시다. 태아와의 교감도 중요한데 차분하고 안정적인 옛 그림책이나 동시를 읽어줍시다.

26 weeks

아기는요

태아는 이제 자궁 외부에서 들려주는 대화 내용의 억양을 구별할 수 있습니다. 엄마, 아빠의 목소리를 자주 들려주면 목소리를 구분할 수도 있습니다. 빛을 비추면 머리를 돌리는데 시신경이 발달하고 있다는 증거입니다. 피부는 하얀 지방으로 덮여 있습니다.

엄마는요

자궁근육이 늘어나면서 하복부에 따끔거리는 통증이 느껴지기도 하고, 자궁이 위장을 압박해 소화가 잘되지 않을 뿐 아니라 대장을 눌러 변비가 더욱 심해집니다. 눈이 빛에 민감해지고, 건조하면서 껄끄러운 느낌이 들 수도 있습니다.

아빠는요

차분하고 부드러운 목소리로 하루 5~10분씩 아름다운 그림책을 읽어줍시다. 그림책을 읽어주며 주위의 사물과 동물 이름 등을 가르쳐줍시다. 모차르트 등의 클래식과 국악은 태아의 정서를 안정시키고 자율신경계를 조절하는 데 도움을 줍니다. 새소리, 물소리, 바람 소리 등 자연의 소리도 좋습니다.

27 weeks

아기는요

피부를 덮고 있는 배내털은 모근 방향에 따라 비스듬하게 길을 이룹니다. 콧구멍이 열려 스스로 얕은 호흡을 하고 소리도 냅니다. 임신 7개월 말이 되면 청력이 거의 다 발달합니다.

엄마는요

체중이 6~7kg 이상 증가하면서 다리에 무리한 힘이 가해져 잘 붓고 쉽게 피로를 느낍니다. 운동은 스트레스를 풀어주고 신선한 산소의 공급과 원활한 혈액 순환을 도와줍니다. 임신부는 삼림욕을 자주 하고 복식호흡과 명상 등으로 태아의 정서 안정과 두뇌 발달에 힘씁시다.

아빠는요

출산이 다가오면 아내는 출산의 고통에 대한 두려움과 불안으로 더 초조해지기 쉽습니다. 이럴 때일수록 아빠는 엄마와 많은 시간을 보내야 합니다. 불편한 곳이 없는지 수시로 관찰하면서 자연스럽게 아내의 불안감을 덜어줍시다.

28 weeks

아기는요

시끄러운 소리를 싫어하며 엄마 목소리와 같은 부드러운 소리를 좋아합니다. 직접 먹지는 못하지만 거의 완전한 미각을 갖게 됩니다. 임신부에게 포도당을 투여하면 태아의 심장박동수가 증가하는 변화를 보입니다. 눈을 뜨기도 하므로 아기의 눈동자를 볼 수 있습니다.

엄마는요

자궁이 배꼽과 명치 사이의 중간쯤까지 올라와서 심장이나 위가 눌리기 때문에 더부룩한 느낌이 듭니다. 튼살이 가려움증을 유발하기도 하는데 간혹 긁어서 피부에 트러블이 생겨도 함부로 연고를 발라서는 안 됩니다.

아빠는요

아빠도 서서히 출산을 대비해야 합니다. 필요한 육아용품, 산후조리 등에 관심을 가져야 합니다. 임신중독증이나 부종 같은 임신 트러블이 생기기 쉬우므로 식단을 조절하는 것도 아빠가 신경 써야 할 부분입니다. 체중 관리도 필요하므로 엄마와 함께 꾸준히 산책을 합시다.

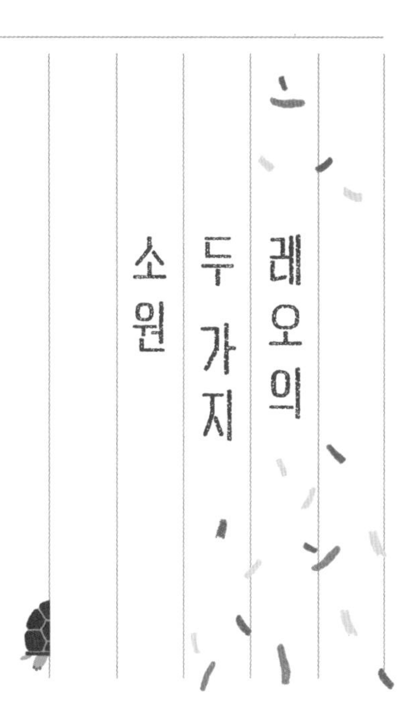

레오의 두 가지 소원

사람들이 모두 잠든 한밤중에 마트에서는 어떤 일이 벌어질까? 애완동물 코너에 가보면 알아. 지금 숨바꼭질 놀이가 한창이거든. 그런데 오늘도 술래는 어김없이 레오야. 원래는 육지거북 레오파드인데 다들 레오라고 불러.

"하나, 둘, 셋, 넷, 다섯……."

레오가 열까지 세기도 전에 친구들을 벌써 다 숨어버렸어. 솔직히 레오는 워낙 느리기 때문에 매번 술래를 면치 못해. 숨어 있던 녀석들이 잽싸게 달려가서 찜을 해버리니까 말이야. 하긴 거북이 주제에 햄스터, 이구아나, 앵무새, 기니피그, 고슴도치 같은 녀석들 틈에 끼어 숨바꼭질을 한다는 것부터가 말이 좀 안 되긴 해.

* * *

"찾았다!"

레오가 기둥 뒤에 숨어 있던 이구아나를 용케 찾아냈어. 하지만 이구아나는 깔깔거리며 레오보다 훨씬 빨리 달려가서 찜을 해버린단 말이야. 맞아, 늘 이런 식이야. 레오가 아무리 빨리 기어도 햄스터나 앵무새 같은 녀석들을 이길 순 없잖아. 할 때마다 술래가 바뀌지 않는, 정말 뻔한 숨바꼭질이지 뭐. 그런데도 다들 깔깔대며 즐거워하는 걸 보면 아무래도 숨바꼭질보다 레오를 놀려먹는 재미가 더 큰 모양이야.

정신없이 숨바꼭질을 하다 보니 어느새 날이 밝아오곤 해.

"에이, 벌써 아침이네. 오늘 밤에 또 하자!"

친구들은 밤에 다시 만나기로 하고 다들 뿔뿔이 흩어졌어. 그제야 레오도 집으로 엉금엉금 기어 들어가 잠이 드는 거야.

"이게 왜 또 쓰러져 있지?"

아침 일찍 출근한 마트 직원이 투덜거리며 장난감 로봇을 일으켜 세웠어. 어젯밤 햄스터가 뛰어다니다가 쓰러뜨린 로봇이야.

"저녁에 다 정리해놓고 갔는데 도대체 누가 어질러놓은 거야?"

마트 직원은 아침마다 인상을 찌푸리곤 해.

그러거나 말거나 애완동물 코너에 사는 숨바꼭질 패거리들은 그저 쿨쿨 잠만 자고 있어.

레오의 사육장은 늘 꼬마 손님들로 북적거려. 하지만 선뜻 레오를 사 가는 손님은 없어. 몸값이 좀 비싼 편이거든.

"칫, 난 왜 이렇게 비싼 거야?"

레오에게는 두 가지 소원이 있어. 하나는 한 번이라도 술래를 면해보는 것이고, 또 하나는 하루빨리 이 답답한 마트를 떠나는 거야. 하지만 아무래도 둘 다 쉽지 않은 것 같아.

* * *

어느 날 레오의 사육장 앞으로 한 아이가 다가왔어. 준이라고 마트에 올 때마다 레오를 뚫어지게 보다가 그냥 돌아가곤 하는 아이야. 한번은 준이가 아빠 손을 붙잡고 졸라댄 적도 있었지. 아빠는 가격표를 보고는 고개를 절레절레 흔들기만 했어.

"생일 때 사줄게."

하지만 생일까지는 아직 몇 달이나 기다려야 돼. 그 뒤로도 준이는 미련을 못 버리고 늘 레오를 보러 왔어. 준이가 올 때마다 레오는 목을 길게 빼고 아는 체를 했단다. 그럼 준이는 빙긋이 웃으며 손가락으로 유리창을 톡톡 두드리곤 했어.

영업시간이 끝나고 종일 요란하게 울려 퍼지던 음악 소리도 뚝 그쳤어. 직원들까지 모두 퇴근하고 깊은 밤이 찾아오면 이제 슬슬 숨바꼭질 패거리들이 움직일 시간이야.

솔직히 레오는 숨바꼭질이고 뭐고 그냥 사육장 안에만 있고 싶었어. 하지만 극성맞은 이구아나 녀석이 가만 놔둘 리가 없잖아.

"레오, 뭐 해? 얼른 나오지 않고."

레오는 밤마다 맘에도 없는 술래 노릇을 하느라 피곤해 죽을 지경이야. 원래 처음 시작할 때는 가위 바위 보로 술래를 정하잖아. 그런데 여기서는 전날 밤 술래가 오늘도 계속 술래야. 누가 이렇게 정했냐고? 누구겠어, 이구아나지. 레오는 이구아나가 얼마나 얄미운지 몰라.

* * *

그런데 하루는 깜짝 놀랄 일이 벌어졌어. 어쩌다 고슴도치가 레오한테 잡히는 바람에 술래가 됐지 뭐야. 인형 코너에서 꾸벅꾸벅 졸다가 잡힌 거래.

"와아, 살다 보니 이런 날도 다 있네!"

레오는 기뻐서 어쩔 줄 몰랐어.

자, 이제 고슴도치가 술래야. 하나, 둘, 셋, 고슴도치가 숫자를 세는 동안 레오는 어디론가 열심히 기어가기 시작했어. 레오는 아무도 찾을 수 없는 비밀 장소를 알고 있었단다. 오랫동안 술래를 하면서 틈틈이 봐둔 곳이야.

레오는 장난감 트럭 안으로 엉금엉금 기어 들어갔어. 장난감 트럭은 꽤 큼지막해서 얼마든지 몸을 숨길 수 있었지. 게다가 창문까지 닫을 수 있어 정말 안성맞춤이야.

드디어 술래가 친구들을 찾아다니기 시작했어. 레오는 느긋하게 엎드린 채 히죽히죽 웃기만 했단다.

'크크, 절대로 못 찾을걸?'

* * *

다음 날 아침, 마트 직원이 또 큰 소리로 투덜대기 시작했어.

"도대체 어떤 녀석이야? 누가 이렇게 어질러놨어?"

애완동물 코너에서부터 장난감 코너, 문구 코너까지 바닥에 물건들이 잔뜩 흐트러져 있었거든. 간밤에 숨바꼭질 패거리들이 레오를 찾느라 한바탕 소동을 벌인 모양이야. 그런데 애완동물 코너에서는 더 큰일이 벌어지고 있었어.

"여기 있던 육지거북 어디 갔지? 문이 왜 열려 있는 거야?"

사라진 레오 때문에 초비상이 걸린 거야.

"이놈이 대체 어디로 갔지? 정말 귀신이 곡할 노릇이네."

그때 마트 문이 열리고 손님들이 하나둘씩 들어오기 시작했어. 손님들 중에는 준이 아빠도 끼어 있었어. 아들이 간절히 원하던 육지거북을 사다 주려고 일찌감치 마트를 찾아온 거야. 그런데 어떡하지? 레오파드 육지거북이 안 보이잖아.

'아, 벌써 팔렸구나!'

아빠는 힘이 쏙 빠지고 말았어. 아이가 실망하는 모습이 벌써부터 눈에 선해.

'이럴 줄 알았으면 그때 무리해서라도 사줄걸.'

아빠는 한동안 서성거리다 장난감 코너로 발길을 돌렸어. 빈손으로 돌아갈 순 없잖아. 그래서 멋진 장난감이라도 안겨줘야겠다 싶었던 거야. 장난감 코너를 빙 둘러보던 아빠의 눈에 제일 크고 멋진 장난감 트럭이 눈에 들어왔어. 레오파드 육지거북보단 못하겠지만 그래도 그 정도면 꽤 괜찮은 선물이 될 것 같았어.

아빠는 장난감 트럭을 사 들고 마트를 나왔어. 그리고는 흥얼흥얼 콧노래를 부르며 집으로 차를 몰았단다.

장난감 트럭 안에서 세상모르게 잠들어 있던 레오는 깜짝 놀라 눈을 떴어.

'지진이다, 지진이야!'

레오는 머리를 껍질 속으로 쏙 집어넣었어. 하룻밤 사이에 두 가지 소원이 모두 이루어진 줄은 까맣게 모른 채 말이야.

* * *

준이는 그날 두 번 놀랐어.

장난감 트럭을 선물 받아서 놀랐고, 트럭 안에서 레오파드 육지거북이 고개를 쏙 내미는 바람에 기절할 만큼 놀랐지 뭐야.

"아빠, 고마워요! 아빠 사랑해요!"

아빠는 아빠대로 또 얼마나 놀랐게? 그러면서 잠시 갈등하는 눈이야. 마트에 가서 육지거북 이야기를 하고 계산을 해야 하나 말아야 하나, 뭐 그런 갈등인가 봐.

뭐니 뭐니 해도 가장 행복한 건 역시 레오야. 왜냐고? 오늘부턴 그 지긋지긋한 숨바꼭질을 안 해도 되거든.

우연이라는
이름으로

처음엔 서로 눈이 마주치고
다음엔 서로의 마음이 마주치고
그다음엔 서로의 인연이 마주치게 돼.

만나야 할 마음과
만나야 할 인연이라면
온 세상이 연결해주고 싶어 할 거야.

우연이라는 이름으로.
행운이라는 이름으로.

웃는 가면

저 멀리 어느 왕국에 마리라는 시녀가 살았어. 앳된 얼굴에 아담한 체구를 가진 평범한 시녀였는데, 글쎄 남몰래 왕자를 사랑했지 뭐야. 먼발치에서 왕자를 볼 때마다 가슴이 막 뛰고 그래.

내가 왜 이러지? 마리, 정신 차려. 그분은 왕자야, 왕자라구.

마음을 다잡아보려고 애를 써봐도 별 소용이 없어. 어쩌다 왕자와 눈이 마주치기라도 하면 금세 얼굴이 발갛게 달아오른단 말이야.

아, 난 왜 시녀로 태어났을까?

아, 왜 그분은 왕자로 태어났을까?

마리는 하늘을 원망했어. 하필이면 왕자를 사랑하게 된 자기 마음도 밉기는 마찬가지였지.

* * *

마리는 매일 새벽 숲에 들어가 샘물을 길어 왔어. 가장 깨끗하고 신선한 물을 병에 담아 왕자의 침실 앞에 갖다놔야 하거든. 누구보다 일찍 일어나야 했지만, 마리는 왕자를 위해 뭔가를 할 수 있다는 게 얼마나 기뻤는지 몰라.

샘터에 갈 때마다 마리는 왕자를 생각했어. 그런데 하루는 웬 집시 노파가 마리에게 다가온 거야.

쯧쯧, 사랑할 수 없는 사람을 사랑하고 있구나.

마리는 소스라치게 놀랐어.

놀랄 것 없어. 오래전부터 널 지켜봐왔지. 짝사랑도 너무 길어지면 병이 되는 법이야.

어떡하죠? 어떡하면 그분을 잊을 수 있죠?

마리의 눈에 벌써 눈물이 그렁그렁해졌어. 그때 노파가 작은 유리병을 내밀면서 이러는 거야.

그 눈물 한 방울을 이 병에 담아주면 널 도와주지.

도와주다니, 어떻게요?

왕자가 널 사랑하게 만들어주마.

어떻게요? 그게 가능해요?

노파는 품에서 이상한 가면 하나를 꺼내 보이면서 말했어.

이 가면을 쓰면 왕자가 널 사랑하게 될 거야. 세상에서 가장 아름다운 웃음을 지을 수 있는 마법의 가면이니까. 하지만 죽을 때까지 다른 표정은 지을 수 없다. 절대로.

웃는 가면이라구요? 다른 표정은 지을 수 없다구요?

마리는 잠시 머뭇거렸지만 오래 망설이진 않았어. 지금 마리의 마음은 온통 왕자뿐이잖아.

가면을 주세요. 제 눈물을 드릴게요.

마리는 노파가 내민 유리병에 눈물 한 방울을 떨어뜨리고 가면을 받았어. 가면을 얼굴에 쓰자마자 마리의 표정이 확 달라졌단다. 누구라도 반할 만큼 아름다운 웃음을 짓고 있었던 거야.

이 눈물 한 방울은 앞으로 네가 흘릴 모든 눈물이란다. 이제 넌 죽을 때까지 울지 못할 게다. 이 선택은 돌이킬 수 없어. 나머진 모두 네 운명이니 날 원망 마라.

이 말을 남긴 채 노파는 숲으로 사라졌어.

* * *

마침 그날 저녁에 궁에서 큰 연회가 열렸어. 마리는 다른 시녀들 틈에 끼어 시중을 들었단다. 그런데 연회장에 모인 사람들 시선이 전부 마리한테만 쏠리는 거야. 물론 왕자도 마찬가지야. 마리의 미소, 마리의 그 환한 웃음이 마법을 발휘하기 시작했거든.

저 시녀는 누구지? 어쩌면 저토록 아름답게 웃을 수 있지?

왕자는 거짓말처럼 마리에게 반했어.

자, 그 뒤로 어떻게 됐을까?

그래 맞아. 왕자는 마리에게 청혼을 했고, 두 사람은 부부가 됐어. 마리는 꿈에 그리던 왕자와 함께 살게 된 거야. 왕도 신하들도 마리를 좋아했어. 물론 처음엔 시녀와의 결혼을 반대하는 사람도 있었지만, 마리의 웃는 얼굴을 보고 나서는 다들 마음을 바꿀 수밖에 없었지. 어떤 신하는 마리의 웃음이야말로 왕국의 보물이라고 추켜세우기도 했어.

마리가 지나가면 사람들은 모두 넋을 잃고 바라봤어. 마리의 미소를 보고 나면 우울하던 기분도 금세 밝아질 정도야.

* * *

마리는 늘 웃었어.

어쩌다 누가 썰렁한 농담을 해도 웃고, 하인이 실수로 꽃병을 깨뜨려도 웃고, 마차 바퀴가 진흙탕에 빠져도 웃었어.

마리, 그대는 언제나 웃고 있군요. 덕분에 나도 늘 행복해요.

왕자는 마리처럼 밝고 긍정적인 아내를 얻어서 얼마나 행복한지 몰라. 그렇게 두 사람은 아기도 낳고 행복하게 잘 살았어.

그런데 있잖아. 얘기가 아직 안 끝났어. 세상일이란 게 늘 좋게만 굴러가진 않잖아. 하루 이틀 시간이 갈수록 뒤에서 수군수군하는 사람들이 늘기 시작한 거야. 늘 웃고 있는 마리가 좀 이상하다고 느꼈거든.

사람이 어떻게 만날 웃을 수가 있지?

그러게. 슬프거나 우울할 때도 있을 텐데.

마리는 늘 웃었어.

아무리 슬픈 이야기를 들어도 웃고, 전쟁터에 나간 병사들이 죽거나 다쳐서 돌아와도 웃고, 장례식장에서도 혼자 웃었어.

마리, 그대는 언제나 웃고 있군요. 울고 싶을 땐 울어요.

왕자는 변함없이 마리를 사랑했지만 속으론 좀 이상하다 싶었어.

그런데 얼마 뒤에 정말 웃어서는 안 될 일이 벌어졌어.

왕자의 아버지, 그러니까 이 나라의 왕이 세상을 떠난 거야. 온 백성들과 신하들이 땅을 치며 울었어. 왕자도 부왕을 부둥켜안고 큰소리로 울었지. 그런데, 그런데 딱 한 사람만 웃고 있었어. 사방에서 통곡 소리가 울려 퍼지는데도 마리는 환하게 웃고 있었던 거야.

* * *

어떻게 이런 상황에서도 웃을 수 있지?

마녀다, 저 여자는 마녀야.

여기저기서 이런 소리가 나오기 시작했어. 왕자도 이젠 더 참을 수 없었어.

한때 그대의 미소를 사랑한 적이 있었소. 하지만 이제 그 미소가 두렵구려. 이 두려움이 가시기 전까지는 그대를 보고 싶지 않소.

그러면서 왕자는 어린 아들과 함께 별궁에서 따로 지내기로 한 거야.

그날 밤 마리는 성을 빠져나와 집시 노파를 찾아갔어.

가면을 벗고 싶어요. 어떡하면 벗을 수 있죠?

하지만 노파는 싸늘한 표정을 지으며 말했어.

말했을 텐데? 평생 벗을 수 없는 가면이라고.

제발 부탁이에요. 가면을 벗겨주세요, 제발요!

그건 불가능해. 돌이킬 수 없는 마법이니까. 혹시라도 너의 진짜 표정을 알아보는 사람이 나타난다면 모를까.

마리는 괴로워서 비명을 지르고 싶었어. 하지만 얼굴은 늘 그렇듯 밝고 화사하게 웃고 있을 뿐이야.

* * *

마리는 하루하루가 고통스러웠어.

잠도 못 자고 식사도 할 수 없을 지경이야. 아들 얼굴이라도 보면 좀 위안이 될 것 같은데 이젠 그럴 수도 없잖아.

그런데 마리에게 더 큰 아픔이 닥쳐왔어. 어린 아들이 그만 몹쓸 병에 걸린 거야. 마리는 당장 왕자에게 달려갔어.

아이를 보게 해주세요. 어디가 어떻게 아픈지 알아야겠어요.

하지만 왕자의 반응은 싸늘하기만 해.

아이가 아파 누웠는데도 당신은 여전히 웃고 있구려.

웃고 있는 게 아니에요. 제 표정을 믿지 마세요.

마리는 빌고 빌어서 겨우 허락을 받았어.

* * *

병상에 누워 있는 아들을 보자마자 마리는 가슴이 무너져 내리는 것 같았어. 얼른 달려가서 아들 손을 잡고 볼을 쓰다듬는데 열이 펄펄 끓잖아.

미안해, 미안해.

마리는 잠든 아들을 계속 쓰다듬으며 중얼거렸어. 목이 메고 눈물이 쏟아질 것 같은데 얼굴은 여전히 웃고 있지 뭐야. 왕자가 멀리서 그 모습을 보고는 고개를 절레절레 흔들었어.

어쩌면 사람들 말이 다 맞을 지도 몰라. 당신은 마녀야, 마녀. 당장 나가줘.

하지만 마리는 아들 곁을 떠나지 않았어. 신하들이 아무리 잡아끌어도 아들 손을 놓지 않았어.

하루, 이틀, 사흘……. 며칠이 지나도록 마리는 잠도 안자고 아들 곁을 지켰던 거야. 웃는 얼굴로 말이야.

* * *

어느 날 아침이었어.

마리는 며칠째 먹지도 자지도 않아서 얼굴이 창백해졌어. 물론 웃음기는 가시지 않았지. 깡마른 얼굴로 웃고 있는 마리의 표정은 보기에도 섬뜩할 정도였어. 바로 그때였어.

엄마, 울지 마.

내내 잠들어 있던 아들의 입에서 이런 소리가 나온 거야.

울지 마, 엄마. 나 괜찮아.

바로 그 순간 아들의 볼 위에 눈물 한 방울이 뚝 떨어졌어. 마리의 눈에서 흘러내린 눈물이야.

울지 말라는 아들의 한 마디에 가면의 마법이 풀린 걸까? 마리의 얼굴에서 웃음기가 싹 가셨어. 그 대신 고통과 슬픔으로 가득한 표정이 돼버렸지 뭐야. 눈에서는 쉴 새 없이 눈물이 흘러내렸어.

마리는 아들을 부둥켜안고 큰 소리로 울음을 터뜨렸어. 오랫동안 웃는 가면에 가려져 있던 그 모든 슬픔이 한꺼번에 터져 나온 거야.

난데없는 울음소리에 왕자와 신하들이 우르르 달려오다가 뚝 멈추고 말았어. 그 무서운 가면의 마법으로도 어쩔 수 없는 엄마의 눈물 앞에서 누구도 입을 열지 못했던 거야.

표정 통하는
사이가
되는 거야

너를 만나면
하루에 한 번씩 표정 놀이를 할 거야.

거울 앞에 나란히 서서
기쁜 표정, 슬픈 표정, 행복한 표정.
느낀 대로 표정을 지어볼 거야.

마음이 통하는 사이란
표정이 통하는 사이란 뜻이야.

소중한 사람끼리는
숨길 표정 따윈 없으니까.

마법의 여행 가방

뭐든지 다 집어넣을 수 있는 마법의 여행 가방이 있었어. 세상에 딱 하나밖에 없는 보물이라 아는 사람이 거의 없었지. 하지만 골동품 수집가인 몽땅 씨는 가방을 한눈에 알아봤단다.

“마침 여행을 떠날 생각이었는데 잘됐군.”

몽땅 씨는 가방을 활짝 열어놓고 짐을 꾸리기 시작했어. 여행지가 아프리카이기 때문에 우선 비상약부터 챙겨야겠지? 몽땅 씨는 약국에 가서 필요한 약을 잔뜩 사 들고 왔어. 비상약만 해도 벌써 한 짐이야. 하지만 마법의 여행 가방이 있는데 무슨 걱정이겠어.

"그런데 아프리카 음식이 입에 안 맞으면 어떡하지?"

그래서 냉장고에 있는 음식을 전부 갖고 가기로 했어.

"참, 음식이 상하면 안 되잖아?"

몽땅 씨는 잠시 망설이다가 냉장고를 아예 통째로 가방에 넣었어.

"가만있자, 겨울옷도 좀 필요할 텐데……."

아프리카 사막은 밤이 되면 겨울처럼 춥다고 했거든.

몽땅 씨는 옷장에 있는 겨울옷을 고르기 시작했어. 하지만 전부 필요한 옷들뿐이잖아. 그래서 그냥 옷장을 통째로 가방에 넣어버렸단다.

"심심할 수도 있으니까 책을 좀 가져가야겠군."

몽땅 씨는 서재에서 책을 고르기 시작했어. 그런데 읽고 싶은 책이 어디 한두 권이야 말이지. 그래서 결국 책장을 들어서 통째로 가방에 넣어버렸어.

"책을 읽으려면 이 소파가 꼭 필요하단 말이야."

몽땅 씨는 소파도 가방에 넣었어. 넣는 김에 탁자며 스탠드까지 다 넣었지 뭐야.

"휴우, 짐을 꾸린다는 건 정말 쉬운 일이 아니구나."

몽땅 씨는 또 잊은 게 없나 살펴봤어.

침대, 욕조, 신발장, 난로, 에어컨, 식탁……. 정말이지 챙겨야 할 물건들이 얼마나 많은지 몰라. 게다가 막상 혼자 떠나려고 하니 약간 쓸쓸해지기까지 해.

"긴 여행인데 말벗이 필요하지 않을까?"

어디 말벗뿐이겠어? 낯선 곳에서 오래 머물다 보면 그리운 게 한두 가지가 아닐 거야. 몽땅 씨는 현관문을 열고는 마을을 빙 둘러봤어.

"아이고, 필요한 게 한두 가지가 아니구나."

몽땅 씨는 미처 챙기지 못한 것들을 다시 꼼꼼하게 챙겼어.

* * *

"자, 드디어 떠나는구나!"

몽땅 씨는 여행 가방을 돌돌돌 끌며 아프리카로 향했어. 비행기를 두어 번 갈아타고 기차와 버스, 배를 차례차례 갈아타야 할 만큼 긴 여행이었지. 아무튼 그렇게 해서 마침내 드넓은 아프리카 초원에 도착한 거야. 눈앞에는 평생 꿈꿔왔던 대자연이 펼쳐져 있었어.

"그래, 바로 이거야! 문명의 때가 묻지 않은 순수한 자연!"

몽땅 씨는 지평선 끝에서 불어오는 신선한 바람을 한껏 들이마셨어. 그리고는 천천히 여행 가방을 열고 짐을 꺼내기 시작했단다.

여행 가방 속에서 제일 먼저 꺼낸 것은 자기가 살던 집이야. 그다음 자동차를 꺼내고 이웃집이며 골목길, 가로수, 단골 빵집, 카페, 과일 시장, 병원, 학교, 술집, 레스토랑, 그리고 이웃 주민들까지……. 몽땅 씨는 가방에 있던 것을 몽땅 밖으로 꺼냈어.

짐을 다 꺼낸 다음 몽땅 씨는 흐뭇한 기분으로 사방을 둘러봤단다. 눈앞에는 아프리카의 드넓은 초원……이 아니라 자기가 살던 마을이 고스란히 펼쳐져 있잖아.

"어, 이건 좀 이상한걸?"

몽땅 씨는 아무래도 몇 가지는 가방에 도로 넣어야겠다 싶었어. 조금이라도 아프리카에 와 있다는 기분을 느끼고 싶었거든.

"가만 보자, 뭐부터 넣을까?"

몽땅 씨는 찬찬히 사방을 둘러봤어. 하지만 전부 다 필요한 것들뿐이라 여간 고민되는 게 아니야.

"어떡하면 좋을까?"

잠시 고민한 끝에 결국 몽땅 씨는 이런 결정을 내렸어.

"그래, 이 골치 아픈 것들을 다 놔두고 다시 여행을 떠나는 거야!"

그러면서 이번에는 정말로, 정말로 꼭 필요한 것들부터 하나하나 챙기기 시작했어. 물론 집부터 먼저 챙겼지. 어딜 가든 집은 꼭 필요하잖아. 단골 빵집이며 카페도 꼭 챙겨야겠지?

* * *

몇 년 동안 몽땅 씨는 이런 식으로 여행 아닌 여행을 계속했단다. 아프리카, 유럽, 아시아 어딜 가든 몽땅 씨는 똑같은 집, 똑같은 마을에서 지냈어.

그런 어느 날, 몽땅 씨는 문득 집에 돌아가고 싶어졌어. 여행인 듯 여행 아닌 여행을 계속하다 보니 향수병이 생긴 거야. 그런데 문제는 몽땅 씨가 여전히 집에 살고 있다는 거잖아.

"집에 있는데도 왜 집이 그립지?"

몽땅 씨는 혼란스러워졌어.

여행을 떠나도 떠난 것 같지 않고, 집에 있어도 집에 있는 것 같지 않단 말이야. 몽땅 씨는 점점 우울해졌어.

그런데 하루는 누가 현관문을 똑똑 두드리는 거야. 열어봤더니 웬 집시 여인이 아기를 안고 서 있잖아. 며칠을 굶었는지 볼이 쏙 들어갔어.

"이런 곳에 마을이 있을 줄은 몰랐어요. 부탁인데 하룻밤만 재워주세요. 아기가 너무 힘들어해요."

몽땅 씨는 잠든 아기를 한번 쓱 보고는 마지못해 문을 열어줬어. 빈 방이라면 얼마든지 있으니까 문제 될 게 없잖아.

여인은 아기를 재우고는 시키지도 않았는데 집 청소를 하기 시작했어. 그런 다음 주방에 들어가서 제멋대로 요리를 하는가 싶더니 금세 식탁 위에 먹음직스런 음식들을 차려놨지 뭐야. 몽땅 씨는 눈이 휘둥그레졌어. 평생 구경도 못해본 요리들인 데다 맛도 기가 막혔거든.

"은혜에 보답하고 싶어서 요리를 해봤어요. 내일 날이 밝는 대로 조용히 떠날게요."

여인은 연신 고개를 숙이며 고마워했어.

"갈 곳은 있소?"

"아니요. 하지만 어딘가 우릴 받아줄 곳이 있을 거예요."

"힘들면 며칠 더 묵어도 좋소."

솔직히 몽땅 씨는 여인이 해주는 맛있는 요리를 좀 더 먹어보고 싶었던 거야.

몽땅 씨의 집에 변화가 생겼어. 아침저녁으로 아기 울음소리가 들리고 주방에서는 끼니때마다 음식 냄새가 솔솔 풍겼지. 초저녁이면 몽땅 씨는 서재에서 책을 읽고 여인은 거실에서 아기를 재우며 자장가를 불렀어. 몽땅 씨는 마음이 차분해지는 걸 느꼈단다. 마치 집에 와 있는 것 같은 그런 느낌이야. 집에 있는데도 집이 그립다거나 여행을 떠나고 싶다는 생각 따윈 온데간데없어졌어.

하루는 몽땅 씨가 집시 여인에게 말했어.

"그냥 여기가 내 집이려니 하고 지내시구려. 어린 아기를 데리고 마냥 떠돌아다닐 수는 없지 않소?"

여인은 고맙다며 눈물을 흘렸고 아기는 뭘 알고 그러는지 방실방실 웃기만 했어.

* * *

이따금 몽땅 씨는 유모차에 아기를 태우고 여인과 함께 마을 밖으로 피크닉을 떠나기도 했어. 도시락 가방 하나만 달랑 들고 말이야. 길든 짧든 여행이란 건 간편하게 떠나는 게 제맛이잖아.

가족인 듯 가족 아닌 가족이 그렇게 나들이를 떠나 있는 동안 몽땅 씨의 집에서는 이상한 일이 벌어지고 있었어. 한동안 창고에 처박혀 있던 마법의 여행 가방이 저 혼자 집 밖으로 콩콩 뛰어나온 거야. 그리고는 마을을 휙 둘러본 다음 새로운 주인을 찾아서 어디론가 콩콩 사라져 버렸어.

그러거나 말거나 몽땅 씨는 잔디밭에 앉아 아기 걸음마를 구경하느라 정신이 없었어. 마법의 여행 가방이 이렇게 또 하나의 인연을 만들어주고 떠났다는 사실은 꿈에도 모른 채 말이야.

좋은
일이
들어올 공간

똑같은 여행이라도
누구는 잔뜩 짊어진 채 떠나고
누구는 홀가분하게 떠나.

똑같은 집인데도
누구는 잔뜩 쌓아놓고 살고
누구는 심플하게 살아.

조금은 공간을 남겨두고
조금은 마음을 열어둬야 해.

뜻밖의 좋은 일이
들어와 앉을 수 있도록
자리를 마련해두는 거야.

8

CHAPTER

임신 8개월 뇌태교

• 29~32주 •

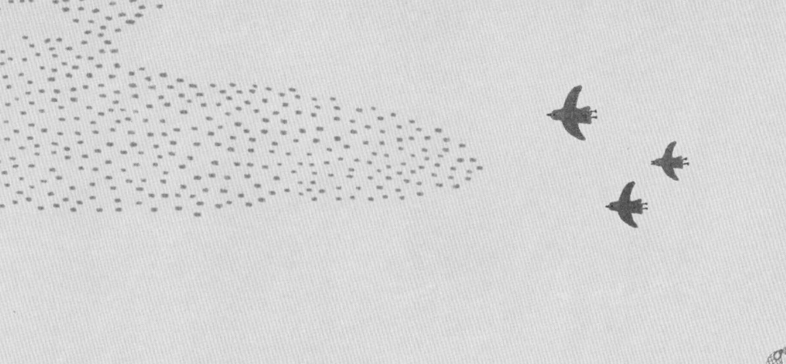

임신 29주에는 눈동자가 완성되고 초점 맞추는 연습을 시작합니다. 엄마 목소리의 강약에 따라 엄마가 기뻐하고 슬퍼하는 등의 감정 변화도 알아차립니다. 그러므로 엄마가 즐겁고 행복하면 그에 맞춰 아이도 편안함을 느낍니다. 소리에 자주 반응하고 움직임이 활발해 자궁벽을 세게 차기도 합니다. 임신 32주에는 사물을 보기 위해 눈을 떠 초점을 맞추거나 눈을 깜빡이기도 합니다. 무리하지 않는 범위 안에서 다양한 체험으로 태아의 두뇌를 자극하는 것이 좋습니다. 일부 단기기억이 형성되어 짧게는 몇 분에서 길게는 몇 시간 동안 단순 정보를 기억할 수 있게 됩니다. 이때부터 태아에게 가해지는 좋지 않은 스트레스는 태아의 뇌에 부정적 영향을 미치므로 조심해야 합니다. 엄마는 적절한 식사, 휴식, 가벼운 운동을 통하여 생활 리듬을 유지하도록 합시다.

김영훈 박사님의 주별 뇌태교 이야기

29 weeks

아기는요

눈동자가 완성되고 초점 맞추는 연습을 시작하며, 엄마가 기뻐하고 슬퍼하는 등의 감정 변화도 알아차립니다. 소리에 자주 반응하고 움직임이 활발해 자궁벽을 세게 차기도 합니다.

엄마는요

엄마 목소리의 강약에 따라 엄마의 기분을 알 수 있고, 가족의 목소리를 구분해 서로 다른 반응을 보입니다. 따라서 그림책을 읽어줄 때도 사실감 있게 읽는 것이 좋습니다. 엄마가 보고 듣고 느끼는 것이 모두 태아에게 전달되므로 많은 정서적 체험을 하도록 노력합시다.

아빠는요

아기는 아빠의 중저음 목소리를 좋아합니다. 또 아름다운 음악이나 새소리, 벌레 소리 같은 자연의 소리를 좋아하므로 자주 들려줍시다. 물 흐르는 소리, 지저귀는 새소리, 바람 소리 등 자연의 소리를 위주로 한 명상 음악을 엄마와 함께 들어보세요. 너무 높거나 낮거나 빠른 곡, 슬프거나 어두운 곡은 피합니다.

30 weeks

아기는요

자라는 뇌를 수용하기 위해 머리가 커집니다. 남자라면 고환이 신장 가까이에서 음낭이 위치한 서혜부 쪽으로 이동 중이며, 여자라면 음핵이 두드러지게 돌출한 것을 볼 수 있습니다.

엄마는요

걷기는 기분 전환은 물론 과체중을 예방하는 효과가 있습니다. 엄마가 걸으면서 마시는 산소는 태아에게도 전해져 아기의 뇌세포 생성에 도움을 줍니다. 몸이 무거워 오래 걷는 것이 힘들다면 집 주변을 조금씩 걸어봅시다. 자연 속에서는 평소보다 많이 걸을 수 있습니다.

아빠는요

엄마와의 산책과 걷기는 최적의 유산소 운동입니다. 임신부의 폐활량이 증가하며 체내 산소의 공급과 배출을 원활하게 해 태아의 산소량을 높여줍니다. 함께 걸으면서 아름다운 자연의 풍광을 눈에 담고, 새소리, 물소리 등 자연이 선사하는 멜로디를 귀에 담아보세요.

31 weeks

아기는요

손톱이 자라고, 출산 후의 생활을 대비한 지방층이 형성되기 시작합니다. 피하지방이 붙기 시작해 몸이 동그스름하니 제법 통통해집니다. 주름투성이긴 하지만 얼굴도 형태가 뚜렷해집니다.

엄마는요

자궁이 가슴뼈 7~8cm 아래까지 올라와 위를 압박하므로 식사할 때 거북합니다. 태동이 강해지고 숨이 차며 숨을 쉬어도 제대로 쉰 것 같지 않아 심호흡을 자주 합니다. 누워 있으면 숨이 더 차 똑바로 눕지 못하는 경우가 많습니다. 자궁이 수축되어 하루에 4~5회 배가 뭉칩니다.

아빠는요

엄마는 사소한 것을 잘 잊어버리고, 몸이 무거워 행동도 굼뜨게 됩니다. 출산에 대한 막연한 두려움을 가지고 있으므로 아빠의 심리적 배려가 필요합니다. 태아와 직접 접촉하지는 못하지만 태담을 통해 간접적으로나마 아기와 접촉합시다. 태아뿐만 아니라 임신부의 마음을 안정시킬 수 있습니다.

32 weeks

아기는요

움직임이 활발해서 심하면 임부복이 들썩거리기도 합니다. 사물을 보기 위해 눈을 떠 초점을 맞추거나 눈을 깜빡이기도 합니다. 배내털이 점점 줄어들어 어깨와 등쪽에만 약간 남아 있으며 그새 머리카락도 제법 자랐습니다.

엄마는요

임신호르몬이 골반 근처, 특히 엉덩이와 방광 앞에 있는 뼈의 관절을 늘어나게 하고 약하게 만들어 척추 주위의 인대나 근육이 쉽게 다칠 수 있습니다. 몸을 움직일 때 관절이 어긋나 '뚝뚝' 소리가 나기도 하고 아픔을 느끼기도 합니다.

아빠는요

자궁과 양수, 아기의 무게가 모두 10kg에 달하기 때문에 임신부의 허리뼈는 약간 휘어져 있습니다. 조금만 움직여도 허리가 아플 수 있으므로 아빠가 마사지를 해주면 좋습니다. 집안일도 아빠가 도맡아 하도록 합시다.

초대받지 못한 그림

예전에 어느 소도시의 미술관에서 두 계절가량 경비 아르바이트를 하며 지낸 적이 있습니다. 고가의 작품이 전시된 것도 아니고, 관람객도 드문 탓에 대체로 무료하고 적적한 편이었죠. 늦은 밤, 텅 빈 미술관 마당에 앉아 별을 보고 있노라면 문득 뤼브롱 산의 양치기가 된 기분이 들기도 했습니다.

두 달째 접어들던 어느 날 아침이었습니다. 미술관 문을 열고 나서 잠시 화장실에 다녀왔더니 복도에 엉뚱한 그림들이 다닥다닥 붙어 있더군요. 선도 삐뚤빼뚤, 형태도 색깔도 제멋대로인 엉터리 낙서들이었습니다.

누가 이런 짓을…….

잡고 보니 열 살짜리 소녀였습니다.

녀석은 어느새 2층 복도까지 올라가 스카치테이프로 열심히 그림을 붙이고 있었습니다. 따끔하게 혼을 내주려는데 소녀가 말했습니다.

이 그림들은 전시될 자격이 충분해요.

당차고 맹랑한 소녀였습니다.

어째서?

봐요, 붙여놓으니까 멋지잖아요.

평범한 그림이라도 미술관에 전시되면 그럴싸해 보인다는 얘기였습니다. 나는 엉터리 낙서들을 하나하나 떼어 소녀에게 안겨주고는 머리까지 쓰다듬어주었습니다.

열심히 그리다 보면 화가가 될 수도 있을 거야. 그때 네 작품을 멋지게 전시하자, 응?

그날의 작은 소동은 이렇게 훈훈하게 끝나는 듯했습니다. 하지만 이튿날 아침, 갤러리 입구의 커다란 게시판에 또 그림이 붙어 있었습니다. 싸구려 스케치북에서 북 뜯어낸 도화지에다 자기 얼굴을 그린답시고 그린 것 같은데 눈, 코, 입이 대칭도 안 맞고 선도 엉망이었습니다.

미술관에 왜 이런 낙서가 붙어 있나?

등뒤에서 미술관장의 냉랭한 목소리가 들려왔습니다.

애들이 장난친 모양입니다. 따끔하게 혼내겠습니다.

다음 날 아침, 갤러리 화장실 벽에 또 그림이 붙어 있었습니다. 이번엔 애완동물을 그린 모양인데 강아지인지 고양이인지 도대체 분간이 안 되는 그림이었습니다.

잡히기만 해봐.

나는 그림을 둘둘 말아 몽둥이처럼 손에 쥐고 건물을 뒤지기 시작했습니다. 하지만 소녀는 벌써 내빼고 없었습니다.

치고 빠지는 게릴라 전술을 구사하며 소녀는 날마다 자기 그림을 제멋대로 전시해놓고는 유유히 사라졌습니다. 신경이 곤두서기 시작했습니다. 매일 아침 그림을 찾아다니며 떼어내는 것도 일이었습니다.

어느 날 새벽, 나는 미술관 담벼락 아래 매복해 있다가 가까스로 녀석을 체포했습니다.

가자, 경찰서 가자!

소녀는 잔뜩 겁에 질려 있었습니다. 눈물이 쏙 빠지도록 혼내는 동안 녀석은 입을 꾹 다문 채 훌쩍거렸습니다. 그래도 잘못했다거나 용서해 달라는 말은 끝까지 하지 않았습니다.

나는 떼어낸 그림들을 돌돌 말아 쥐고 머리를 한 번 톡 친 다음 소녀를 돌려보냈습니다. 녀석은 내 손에서 그림을 확 낚아채더니 씩씩거리며 미술관을 떠났습니다.

그 뒤로 미술관은 다시 예전처럼 조용해졌습니다. 아침마다 복도나 건물 외벽에 낙서 같은 그림들이 나붙는 일도 더 이상 없었습니다. 하루하루 지날수록 소녀의 표정도 기억에서 점점 사라졌습니다.

그로부터 한두 달쯤 지난 어느 월요일, 나는 모처럼 공원을 산책했습니다. 미술관은 월요일마다 휴관인 까닭에 나는 늘 하루 늦은 휴일을 만끽하곤 했습니다. 그런데 호숫가 산책로를 걷고 있자니 저 멀리 잔디밭에 소녀의 모습이 보이더군요.

녀석을 보는 순간 그때 혼낸 일이 떠올라 약간 미안해졌습니다. 나는 근처 매점에서 음료수와 과자를 사 들고 다시 잔디밭으로 향했습니다. 그런데 다시 보니 소녀 혼자가 아니었습니다. 구부정한 어깨에 화가처럼 베레모를 쓴 노인이 소녀 곁에 앉아 그림을 그리고 있었습니다. 내 눈길을 사로잡은 것은 노인의 손놀림이었습니다.

가만있자……. 초록색이 어디 있지?

노인은 왼손으로 물감을 더듬거렸습니다.

아이 참, 왼쪽 끝에서 두 번째!

소녀가 가르쳐주자 노인은 '그래, 맞다!' 하며 붓으로 초록색 물감을 살짝 찍더니 스케치북으로 가져갔습니다.

소녀는 '좀 더 오른쪽으로, 약간 위로…… 거기야, 거기' 하면서 위치를 알려주었습니다. 노인은 시각장애인들이 사용하는 까만 선글라스를 끼고 있었습니다.

나는 바람이 불어오는 곳으로 자리를 옮겨 앉았습니다. 그리고 노인과 손녀가 나누는 대화에 귀를 기울였습니다. 바람 덕분에 두 사람의 목소리가 또렷하게 들려왔습니다.

하늘은 지금 어떤 색깔이지?

푸르죽죽해. 구름도 있고.

구름은 어떤 모양인고?

꼭 할아버지 이불 같아.

그럼 이런 모양이겠구나. 할애비가 제대로 그렸니?

비슷해.

나무는 어떤 느낌인고?

이파리가 막 춤을 춰.

아기 때 네가 추던 것처럼?

흥, 기억 안 나거든!

그날 오후, 나는 바람 부는 공원 벤치에 앉아 보이지 않는 그림들을 한참 감상했습니다. 눈을 감고도 그림을 감상할 수 있구나 싶었습니다. 깨어 있으면서 그렇게 오랫동안 눈을 감아본 적도 없었던 것 같습니다. 눈을 감는 것 역시 바라봄의 또 다른 방법이라는 사실도 그때 처음 알았습니다.

가끔은
보이지 않는
것들을 봐

눈을 뜨면 보이는 것들만 보이고
눈을 감으면 보이지 않는 것들도 보여.

보이는 것들만 보고 살면
세상의 반만 보게 돼.

가끔씩 눈을 감고
보이지 않는 것들을 본다면
온 세상을 볼 수 있어.

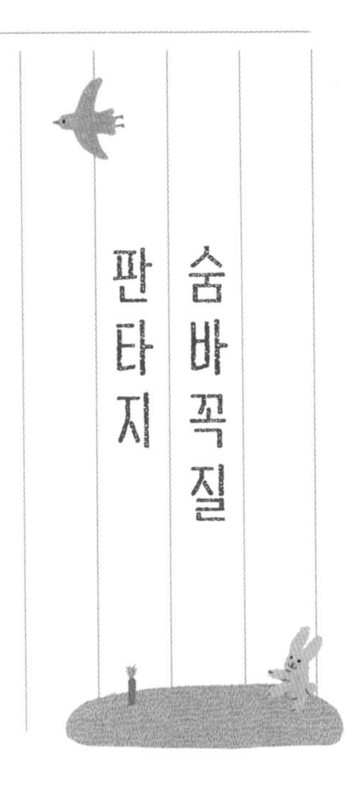

숨바꼭질 판타지

어릴 때 숨바꼭질하던 기억이 떠오릅니다.

술래가 되어 눈을 감고 숫자를 다 센 다음 돌아섰을 때, '그 많던 아이들이 모두 어디로 갔을까?' 놀이라는 것을 알면서도 와락 쓸쓸해지던 그 순간이 생각납니다. 늘 보던 집과 골목들도 갑자기 낯설게 느껴지곤 했습니다. 숨바꼭질은 외로움과 그리움을 함께 가르쳐주는 놀이인 것 같습니다.

생각해보면 숨바꼭질이란 놀이는 얼마든지 판타지로 바뀔 수 있을 것 같습니다. 술래가 되어 숫자를 세고 돌아섰을 때 전혀 다른 세상이 펼쳐져 있다는 식으로 말입니다. 신나게 판타지 세상을 구경하다가 돌아갔더니 하루가 지나 있더라, 이런 얘기도 가능하겠죠.

한번은 술래가 되어 숫자를 끝까지 세고 돌아섰을 때 마귀할멈이 서 있었던 적도 있습니다. 욕도 잘하고 생긴 것도 험악해서 다들 그렇게 불렀습니다. 마귀할멈은 양손에 배추며 무, 양파 따위를 잔뜩 들고 있었습니다.

이것 좀 들어줘라.

숨바꼭질해야 돼요.

망할 놈, 얼른 들어. 팔 아파 죽겠다.

나는 진짜 술래가 된 심정으로 짐을 들었습니다. 아이들이 마귀할멈을 봤다면 아마 더 꼭꼭 숨었을 겁니다. 걷는 내내 가슴을 졸였지만 한편으로는 마귀할멈이 사는 집을 처음 가본다는 설렘도 아주 없진 않았습니다.

골목을 지나 산길로 접어들어 한참을 걸었습니다. 팔이 떨리고 다리가 후들거렸습니다. 그냥 내팽개치고 도망칠까도 생각해봤지만 후환이 두려웠습니다.

언덕을 넘고 시냇물을 건너서야 마귀할멈은 걸음을 멈추었습니다. 휑한 들판에 찌그러져가는 초가집 한 채가 보였습니다.

별님아, 초롱아, 찔레야!

마귀할멈이 부르자 똥개 세 마리가 꼬리를 흔들며 달려 나왔습니다. 이름은 예뻤지만 하나같이 우락부락하게 생긴 녀석들이었습니다.

거따 내려놔라.

짐을 내려놓고 돌아가려는데 마귀할멈이 또 붙잡았습니다.

밥 먹고 가라.

배 안 고파요, 하는데 배에서 꼬르륵 소리가 났습니다.

닥치고 앉아 있어.

마당 한쪽 찌그러진 평상에 앉아 있자니 개들이 꼬리를 살랑거리며 나를 에워쌌습니다. 마치 포로를 지키는 감시꾼들 같았습니다.

그 사이 마귀할멈은 부엌에서 밥을 짓고 된장찌개를 끓였습니다.

잠시 후 마귀할멈이 밥상을 들고 나와 평상 위에 내려놓았습니다. 보리밥과 된장찌개, 고추장, 호박잎찜이 전부였습니다.

먹자.

된장찌개를 한 술 떠서 입에 넣는 순간 깜짝 놀랐습니다. 저토록 무섭고 흉한 할멈이 어떻게 이런 찌개를 끓일 수 있을까 싶었습니다. 호박잎에 싸서 먹고, 된장찌개에 비벼 먹느라 정신이 없었습니다. 나는 배가 불러 숨이 가빠질 때까지 수저를 놓지 못했습니다.

이제 갈게요.

그래라.

할멈은 별님이, 초롱이, 찔레에게 밥을 먹이느라 돌아보지도 않았습니다. 나는 꺼억 트림을 하며 왔던 길로 되돌아갔습니다.

동네로 들어설 즈음 해가 저물기 시작했습니다. 아이들은 이미 집으로 돌아간 뒤였습니다. 참 길었던 숨바꼭질이었습니다.

다 쓰러져가는 초가집 마당에서 마귀할멈과 마주 앉아 밥 먹은 이야기를 해줄 때마다 동네 아이들은 놀라워했습니다.

안 무섭디? 다친 덴 없고?

아니, 된장찌개가 엄청 맛있었어.

살찌워서 잡아먹으려는 건 아닐까?

그런데 마귀할멈은 왜 혼자 살지?

요리는 누군가 맛있게 먹어줄 때 비로소 완성된다고 했던가요. 혼자 사는 할멈 역시 그저 한 끼 밥을 먹이고 싶어 술래인 나를 선택한 건지도 모릅니다. 아무튼 그 뒤로도 우리는 늘 숨바꼭질 놀이를 했고, 마귀 할멈은 더 이상 나타나지 않았습니다.

모처럼 술래가 된 어느 날, 나는 숨어 있는 아이들을 찾아 사방을 기웃거렸습니다. 동네가 작고 숨을 곳도 이젠 빤해서 식은 죽 먹기였죠. 하지만 그날은 달랐습니다. 아무리 찾아도 아이들이 보이지 않더군요.

어디 숨었니? 하고 소리치는데 갑자기 우락부락한 개 한 마리가 나타났습니다.

초롱아.

반응이 없습니다.

찔레?…… 별님이?

녀석이 꼬리를 치며 다가왔습니다. 별님이구나.

별님이는 연신 꼬리를 치며 앞장서서 걷기 시작했습니다. 나는 홀린 듯 별님이를 따라 산길을 걸었습니다.

언덕을 넘고 시냇물을 건너자 휑한 들판에 마귀할멈의 집이 보였습니다. 거기엔 숨어 있어야 할 아이들이 깔깔거리며 놀고 있었습니다. 마귀할멈은 부엌에서 밥을 짓고 있었습니다. 오래전부터 그래왔던 것처럼 아무렇지도 않은, 어디에서나 볼 수 있는 흔하고 정겨운 풍경이었습니다.

어떤 아이는 상추를, 또 어떤 아이는 돼지고기를, 그렇게 저마다 마귀할멈의 짐을 하나씩 들고 여기까지 왔다고 했습니다. 짐꾼이 되어준 아이들을 위해 마귀할멈은 진수성찬을 내왔습니다.

찌그러져가는 초가집 마당에서 난데없는 잔치가 벌어졌습니다. 아이들은 전에 내가 그랬던 것처럼 정신없이 그릇을 비워댔습니다. 별님이, 초롱이, 찔레도 그날만큼은 어엿한 식객이었습니다.

그날 이후 우리는 툭하면 산 너머 들판으로 달려갔습니다. 때로는 마귀할멈이 술래가 되기도 했는데 별님이, 초롱이, 찔레 덕분에 아주 손쉽게 아이들을 찾아내곤 했습니다. 날이 저물어도 애들이 안 돌아오면 마을 어른들은 으레 이렇게 중얼거리곤 했습니다.

녀석들, 마귀할멈한테 잡혀갔구나.

혼자가
아니라
술래일 뿐이야

크면서 알게 될 거야.
숨겨둔 추억이 많을수록
이겨낼 힘도 많다는 걸.

자라다 보면
술래처럼 혼자가 되는 날도 있지만
외로워할 필요는 없어.

혼자가 아니라 술래일 뿐이니까.
꼭꼭 숨어 있는 추억
꼭꼭 숨어 있는 행복들을
하나하나 찾아낼 테니까.

귀한 분

소녀의 이름은 달래입니다. 마을 사람들이 다 그렇듯이 달래의 하루도 고단하기만 합니다. 돌투성이 밭을 갈아 씨를 뿌리고, 깊은 숲에 들어가 열매를 줍고, 들에 나가 나물을 캡니다. 그렇게 일을 해도 굶는 일이 허다합니다.

참 살기 힘든 마을입니다. 장마 때면 늘 물난리가 나고, 장마가 지나면 금세 가뭄이 찾아옵니다. 산과 들은 메마르고 젊은이들이 떠나버린 마을에는 이제 노인과 아이들만 남았습니다. 아이들 중에 제일 나이 많은 소녀가 바로 달래입니다.

* * *

조금만 더 견뎌보자꾸나. 귀한 분이 곧 오실 게야.

우는 아이들을 달랠 때마다 노인들은 귀한 분 타령을 합니다.

그 귀한 분이 도대체 어떤 사람인데요?

달래는 귀한 분 얘기가 나올 때마다 짜증이 납니다.

말 그대로 귀한 분이지. 힘든 시절이 닥치면 반드시 귀한 분이 오셔서 이 마을을 구해주신다고 했단다.

그런 옛날이야기를 믿으란 거예요?

얘야, 지금처럼 아무것도 할 수 없을 때는 그저 믿기라도 해야 하지 않겠니?

달래는 답답하기만 합니다.

할아버지, 귀한 분은 어떻게 생겼어?

달래 곁에 있던 어린 동생이 묻습니다.

글쎄다. 겉보기엔 귀한 분 같지 않을 게야. 어쩌면 아주 초라해 보일 수도 있지.

귀한 분이 왜 초라해?

원래 그렇단다. 귀할수록 귀한 자태를 감추는 법이야.

그럼 귀한 분인지 아닌지 어떻게 알아?

때가 되면 귀한 분이란 걸 알게 될 게야.

달래는 이야기를 듣다 말고 밖으로 휙 뛰쳐나갔습니다.

마음이 슬프고 답답할 때마다 찾는 곳이 있습니다. 나무 한 그루 자라지 않는 뒷산 언덕입니다. 달래는 해질녘까지 언덕에 앉아 노래도 부르고 눈물도 흘립니다.

가뭄이 보름째 이어지던 어느 날, 달래는 큰 결심을 했습니다.

그 귀한 분인가 뭔가 하는 사람을 찾아야겠어.

바로 그때 저 멀리 골짜기에 불빛이 반짝였습니다. 아무도 살지 않는 골짜기에 웬 불빛일까? 달래는 눈을 가늘게 뜨고 한참 바라보았습니다.

혹시 귀한 분이 오신 게 아닐까?

가슴이 콩콩 뛰기 시작했습니다.

그날 밤 달래가 말했습니다.

할아버지, 다녀올게요.

다녀오다니, 어딜?

귀한 분을 찾으러 떠날 거예요.

할아버지는 아무 말도 하지 못했습니다.

이튿날 새벽, 달래는 집을 나와 골짜기로 향했습니다. 휑한 들판을 지나고 마른 강을 건너 골짜기에 도착했을 때 달래는 다리 힘이 탁 풀리고 말았습니다. 웬 노인이 절뚝거리며 돌을 나르고 있었기 때문입니다. 게다가 노인은 눈이 멀어 앞을 볼 수도 없었습니다.

저런 노인이 귀한 분일 수는 없어.

달래는 한숨을 푹 내쉬었습니다. 그때 노인이 이리저리 고개를 저으며 소리쳤습니다.

뉘시오? 어디 있소?

제 이름은 달래예요. 건넛마을에서 왔어요. 그런데 할아버지는 왜 돌을 나르고 계세요?

노인은 들고 있던 돌을 내려놓으며 말했습니다.

돌탑을 쌓고 있지.

몸도 불편하신데 돌탑은 왜 쌓아요?

용한 점쟁이가 그러더구나. 정성을 다해 돌탑을 쌓고 나면 귀한 분이 오셔서 눈도 뜨게 해주고 다리도 낫게 해주신다고.

달래는 또 한 번 맥이 탁 풀렸습니다.

그럼 할아버지도 귀한 분을 기다리시는 거예요? 귀한 분이 정말 올 거라고 믿으세요?

날 보렴. 앞도 못 보고 다리도 절고 있잖니. 꼴이 이런데 그저 믿기라도 해야 하지 않겠니?

달래는 다시 길 떠날 채비를 했습니다.

달래라고 했니? 혼자서 어딜 가려고? 노인이 물었습니다.

귀한 분을 찾으러 가는 거예요. 이렇게 마냥 기다릴 수만은 없잖아요. 할아버지도 몸조심하세요.

귀한 분을 만나면 내 얘기도 꼭 전해다오.

노인은 다시 일어나 절뚝절뚝 돌을 옮기기 시작했습니다.

달래는 골짜기를 떠나 산등성이로 올라섰습니다. 눈앞은 첩첩산중이었습니다. 어디로 가야 하나. 달래는 막막하기만 했습니다. 그때 골짜기 쪽에서 어이쿠, 하는 비명소리가 들려왔습니다.

할아버지!

달래는 부리나케 골짜기로 내려갔습니다. 노인은 바위틈에 쓰러진 채 신음하고 있었습니다. 심하게 넘어졌는지 이마에서 피가 흘러내렸습니다. 달래는 간신히 노인을 일으켜 움막으로 데려갔습니다.

돌탑을 쌓아야 하는데, 돌탑을…….

노인은 시름시름 앓으면서도 돌탑 타령입니다.

지금 돌탑 걱정할 때가 아니잖아요.

달래는 치마 밑단을 찢어 노인의 이마를 감쌌습니다. 그리고는 약초를 찾아 숲으로 들어갔습니다.

며칠이 지났지만 노인은 좀처럼 몸을 일으키지 못했습니다.

귀한 분을 찾아야 하는데 어쩐담.

하지만 아픈 노인을 혼자 두고 떠날 수는 없었습니다. 달래는 날마다 약초를 갈아 상처에 발랐습니다. 끼니때마다 감자를 캐거나 샘물을 길어 오는 일도 달래의 몫이었습니다.

돌탑을 쌓아야 하는데, 돌탑을…….

노인은 눈만 뜨면 돌탑 걱정입니다.

할아버지, 돌탑을 다 쌓으면 정말 귀한 분이 오실까요?

오실 거야, 꼭 오실 거야.

그러면서 노인은 또 스르르 잠이 들었습니다. 달래는 잠든 노인을 물끄러미 보다가 살그머니 밖으로 나갔습니다.

대체 얼마나 큰 돌탑을 쌓으시려고…….

노인이 쌓고 있던 돌탑은 마치 기다란 돌담처럼 계곡 왼쪽에서 오른쪽 끝까지 쭉 이어져 있었습니다. 달래는 고개를 절레절레 흔들며 돌을 들어 올렸습니다. 한 걸음도 떼기 힘들 만큼 무거운 돌이었습니다.

할아버지, 돌탑을 얼마나 높이 쌓으실 거예요?

늦은 밤, 달래가 노인에게 물었습니다.

높이, 아주 높이 쌓아야 해. 떠오르는 아침 해를 가릴 만큼.

그건 불가능해요.

그러면서도 날이 밝으면 달래는 어김없이 밖으로 나가 돌탑을 쌓았습니다. 손이 까지고 팔, 다리, 허리가 돌처럼 딱딱해졌지만 달래는 쉬지 않았습니다. 돌탑을 쌓다가도 때가 되면 달래는 움막으로 달려가 약초를 달이고 감자를 삶았습니다.

* * *

어느새 가을인가 싶더니 첫눈이 내리기 시작했습니다. 달래는 언 손을 호호 불며 날마다 돌을 날랐습니다. 그 사이 돌탑은 점점 높아져서 이제 사다리를 딛고 올라서야 했습니다.

눈보라가 무섭게 몰아치는 날에도 달래는 쉬지 않고 돌탑을 쌓았습니다. 마을이 그립고 동생들이 보고 싶었지만 꾹 참았습니다.

돌탑을 다 쌓으면 귀한 분이 오실 거야. 꼭 오실 거야.

그렇게 겨울이 점점 깊어갔습니다.

겨울이 끝나가던 어느 날, 달래는 그만 풀썩 쓰러지고 말았습니다. 제대로 먹지도 못하고 날마다 고된 일을 하느라 병이 난 것입니다. 돌투성이 바닥에 엎어진 채 달래는 돌탑 꼭대기를 바라보았습니다.

하나만 더 쌓으면 되는데, 하나만…….

달래의 눈이 스르르 감겼습니다.

그때 아침 해가 떠오르기 시작했습니다. 햇살은 돌탑에 가려 비치지 않았습니다. 마지막 돌이 놓여야 할 자리에 실오라기 같은 햇살이 새어 들었습니다. 그 햇살은 고스란히 달래의 얼굴 위에 와 닿았습니다.

달래야.

움막에서 노인의 목소리가 들려왔습니다.

달래야, 달래야.

아무리 불러도 대답이 없었습니다.

겨우내 병상에 누워 있던 노인의 눈이 갑자기 확 떠졌습니다. 곧이어 노인은 천천히 일어나 움막 밖으로 걸음을 옮겼습니다. 더 이상 다리를 절지도 않았습니다. 노인은 쓰러진 달래를 번쩍 안아 차가운 눈밭 위에 곱게 뉘였습니다. 그 순간 눈이 스르르 녹아내리고 파란 새싹이 돋아나기 시작했습니다.

노인이 고개를 들어 하늘을 보자 구름이 몰려왔습니다.

노인이 고개를 끄덕이자 봄비가 내렸습니다.

비는 메마른 산과 땅을 적셨습니다. 하지만 달래가 누워 있는 풀밭 위로는 비가 내리지 않았습니다.

비는 며칠째 쉬지 않고 내렸습니다. 비가 그친 뒤에 돌탑 너머에 커다란 호수가 생겼습니다. 달래가 쌓아 올린 것은 돌탑이 아니라 거대한 둑이었습니다. 산과 들에는 나무와 풀이 쑥쑥 자라고 숲이 우거졌습니다. 사슴이며 토끼, 새들이 숲으로 모여들었습니다. 오랫동안 메말랐던 논밭 위로도 파릇파릇 새싹이 돋아났습니다.

* * *

마을 사람들이 하나둘씩 골짜기로 모여들기 시작했습니다. 며칠째 골짜기를 비추던 영험한 빛에 이끌려 모여든 것입니다. 마을 사람들 앞에는 눈부시게 빛나는 노인이 서 있었습니다.

귀한 분이시다, 귀한 분이 오셨어!

사람들은 노인을 향해 큰절을 올렸습니다. 그때 노인이 손을 들어 달래를 가리키며 말했습니다.

여러분, 우리 모두 이 귀한 분을 위해 두 손을 모읍시다.

풀밭 위에서 꿈꾸듯 잠들어 있던 달래의 얼굴에 미소가 피어오르고 있었습니다.

사람이
귀해지는
순간

나의 아픔을 자기 것처럼 아파하고
나의 슬픔을 자기 것처럼 슬퍼하고
나의 소원을 자기 것처럼 간절히 여기는 사람.
그 사람이 귀한 사람이야.

나만큼 남을
나보다 남을 귀하게 여기는
그 마음이 귀한 마음이야.

9
CHAPTER

임신 9개월 뇌태교

• 33~36주 •

태아는 복잡한 감정을 무의식적으로 기억할 수 있습니다. 또한 감정이 풍부해져 웃고 우는 등 다양한 표정을 짓기도 합니다. 엄마가 놀라거나 흥분하면 태아의 수면이 방해를 받으므로 가능한 마음 편히 지내도록 노력합시다. 오감이 이미 작동하고 있는 시기이므로 부모의 목소리는 물론 자신의 몸을 쓰다듬는 감촉 또한 느낄 수 있습니다. 아기의 감정이 더욱 풍부해질 수 있도록 엄마는 행복한 생각을 하며 출산을 준비해야 합니다. 아빠는 따뜻한 말로 다독여주고 자신감을 갖도록 도와줍시다. 엄마는 임신과 출산으로 인한 여러 가지 환경의 변화에 적응하는 과정에서 건망증도 심해지고 우울해질 수 있습니다. 스트레스를 줄이고 즐겁고 행복한 생각을 합시다. 부드러운 음식을 조금씩 나누어 먹읍시다. 출산과 관련한 책을 읽으며 두려움을 없애고 마음의 안정을 찾아봅시다.

김영훈 박사님의 주별 뇌태교 이야기

33 weeks

아기는요

감각기관이 완성되어 맛을 느끼고 입맛을 다시며, 빛이 너무 밝으면 고개를 돌리기도 합니다. 사물을 보기 위해 눈을 떠 초점을 맞추거나 눈을 깜빡이기도 합니다. 무리하지 않는 범위 안에서 다양한 체험으로 태아의 두뇌를 자극하는 것이 좋습니다.

엄마는요

어깨로 숨을 쉰다는 말이 나올 정도로 숨 쉬기가 힘들어집니다. 늘어난 자궁의 무게로 골반뼈의 연결 부분인 치골이 아프고 변비와 치질이 생기기 쉽습니다. 복부는 배꼽이 튀어나올 정도로 볼록해지고 단단해집니다. 소변 보는 횟수도 늘어납니다.

아빠는요

아빠의 스킨십은 아기의 정서 발달과 인격 형성에 아주 중요한 역할을 합니다. 비록 간접적인 접촉이기는 하지만 배를 가끔 사랑스럽게 쓰다듬는 것이 좋습니다. 오감이 이미 작동하고 있는 시기이므로 아빠의 목소리는 물론 자신을 쓰다듬는 감촉도 느낄 수 있습니다.

34 weeks

아기는요

발육이 거의 다 된 상태로 상대적으로 움직일 공간이 좁아져 움직임이 둔해지지만, 외부 자극에 대해서는 더욱 예민하게 반응합니다. 초음파로 보면 웃는 모습, 화내는 모습, 찡그리는 모습 등 다양한 표정을 짓습니다.

엄마는요

태아의 머리와 늘어난 자궁으로 골반 통증이 심해집니다. 회음부 압박과 빈뇨 등이 나타나면 케겔 운동과 골반 조이기 운동 등이 도움이 됩니다. 배가 뭉치면 바로 누워 휴식을 취하면서 심호흡을 합시다. 누울 때는 무릎 아래에 쿠션을 대고 허리를 편안하게 하면 좋습니다.

아빠는요

곧 만날 아기의 모습을 상상하며 차분하게 안정된 마음 상태를 유지합니다. 그림책을 읽을 때는 리듬을 살려 읽어줍시다. 의성어, 의태어와 같은 소리를 실제 소리처럼 리듬감 있게 들려주거나 몸으로 직접 표현해보는 것도 좋은 방법입니다.

35 weeks

아기는요

피부 보호 물질인 태지가 매우 두터워집니다. 외성기가 다 완성되어 남녀의 구별이 확실해집니다. 발톱도 끝까지 다 자랍니다. 폐를 제외한 내장의 기능이 거의 완전히 성숙해집니다.

엄마는요

불안, 걱정, 짜증, 기대 등의 감정이 교차하면서 신경이 예민해집니다. 잇몸이 약해지면서 피가 나기도 합니다. 식욕이 늘었다 줄었다 하고 두통, 어지럼증, 현기증 증세가 나타나는 등 불편함이 늘어납니다.

아빠는요

아빠는 엄마를 따뜻한 말로 다독여주고 자신감을 갖도록 도와줍시다. 분만이 다가오면 출산에 대한 불안으로 수면이 불규칙한 임신부가 많습니다. 이럴 때 혼자 있지 말고 대화를 통해 불안감을 해소할 수 있게 도와줍니다.

36 weeks

아기는요

점차 머리를 골반 안으로 집어넣습니다. 내장 기능도 원활해지고 살이 오르며 근육도 제법 발달합니다. 태반을 통해 모체로부터 질병에 대한 면역 물질을 전달받습니다. 이 시기부터는 좀 일찍 바깥세상에 나오더라도 충분할 정도로 건강한 상태입니다.

엄마는요

태아가 골반 안으로 들어가면서 압박이 줄어들어 위와 호흡이 조금 편해집니다. 배가 커지면서 등이 땅기고 부종이 생길 수 있습니다. 임신 빈혈로 고생하지 않도록 철분 등 필요한 영양소 섭취를 위해 식사를 거르면 안 됩니다.

아빠는요

태아는 저음의 아빠 목소리를 좋아합니다. 태아에게 아빠와 엄마가 얼마나 기다리고 있는지, 바깥세상의 풍경들은 어떤지 등을 이야기해주세요. 자궁 밖으로 나올 준비를 하고 있는 태아를 안심시켜줍시다.

1 2 3 4 5 6 7
행복한 우리
LOVE

뭐든지 될 수 있어

환이의 별명은 젠틀맨입니다. 선생님이 붙여준 별명이죠.

"환이는 옷도 깔끔하게 잘 차려입고 말이나 행동도 점잖구나. 공부도 짱, 운동도 짱, 역시 젠틀맨이야."

하지만 아이들은 환이를 노잼이라 부릅니다. 재미없는 아이란 뜻이죠. 같이 놀다가도 툭하면 '이제 가야 돼' 하면서 휙 가버리기 때문입니다. 어쩔 수 없죠. 학교 끝나면 집에 가서 밥 먹고 옷 갈아입고 학원도 가야 되니까.

집에 가는 길에 작은 공원이 하나 있습니다. 그런데 하루는 나무 위에서 누가 속삭였습니다.

"나 좀 숨겨줄래?"

"어 깜짝이야. 누구니?"

"난 늘보라고 해."

나뭇가지에 작은 나무늘보가 매달려 있었습니다. 늘보는 들키지 않게 뒷산 숲까지만 데려가달라고 부탁했습니다.

'어떡하지? 시간 없는데…….'

환이는 참 곤란해졌습니다.

"제발 부탁이야. 잡히면 영영 갇혀 지내야 돼."

환이는 가방에서 체육복을 꺼내 늘보에게 입혔습니다. 그리고 모자까지 푹 씌운 다음 늘보를 들쳐 업었습니다. 생각보다 안 무거워서 다행입니다.

'체육복에서 이상한 냄새가 나면 어떡하지? 엄마한테 혼날 텐데.'

가면서도 내내 걱정입니다.

드디어 뒷산 숲에 도착했습니다.

"다 왔어. 여기서부터는 혼자 갈 수 있지?"

"응, 고마워. 이제부터는 잽싸게 도망갈 수 있어."

하지만 늘보는 전혀 잽싸지 않았습니다. 이 나무에서 저 나무로 옮겨 가는 데만 이십 분도 넘게 걸렸습니다.

'저런 속도로는 어림도 없어. 틀림없이 잡힐 거야.'

환이는 집으로 달려가면서도 늘보가 걱정됐습니다.

"왜 이렇게 늦었어? 뭘 했기에 땀을 그렇게 흘려? 밥 먹을 시간 없으니까 얼른 옷 갈아입고 학원 가. 체육복 꺼내서 세탁기에 넣고! 어, 이게 무슨 냄새야? 너 도대체 학교에서 뭐 했니?"

환이는 엄마 잔소리를 피해 재빨리 옷을 갈아입고 학원으로 달려갔습니다. 등뒤로 엄마 잔소리가 계속 이어졌습니다.

"공부 열심히 해! 행동 바르게 하고! 잊지 마. 열심히 하면 커서 뭐든지 될 수 있어, 알았지?"

엄마는 늘 뭐든지 될 수 있다고 말하지만 환이는 뭐가 되고 싶은지 아직 모릅니다. 꼭 뭐가 돼야만 하나 싶기도 합니다.

'그나저나 늘보는 어떻게 됐을까?'

학원에서도 환이는 늘보 생각뿐입니다. 그 느린 몸으로 동물원은 어떻게 탈출했을까? 지금은 어디쯤 갔을까?

집에 돌아와 샤워하고 잠옷 입고 책상 앞에 앉았더니 벌써 열한 시. 숙제하고 침대에 눕자마자 졸음이 쏟아집니다.

똑, 똑, 똑

이 밤중에 누가 창문 두드릴까? 침대에서 기어 나와 창문을 열어봤더니 늘보가 잠옷 바람으로 '하이, 방가' 하며 손짓합니다.

"파티가 열렸어. 같이 안 갈래? 엄청 재밌을 거야."

"안 돼. 내일 학교 가."

"엄청 재미있다니까? 안 가면 평생 후회할걸?"

"……오래 걸리니? 금방 돌아와야 돼."

"걱정 마. 제때 돌아올 수 있어."

"잠깐만. 옷 좀 갈아입고."

늘보가 시간 없다며 재촉했지만 환이는 그새 외출복으로 갈아입었습니다. 늘보는 환이 손을 잡고 걷기 시작했습니다. 하지만 속도가 워낙 느려서 걷는 건지 서 있는 건지 알 수가 없었습니다. 환이는 어쩔 수 없이 늘보를 또 업었습니다.

"말만 해. 어디야?"

늘보가 손가락으로 가리키자 환이는 냅다 뛰기 시작했습니다.

"너무 빨라. 엄청 빨라! 멀미할 것 같아!"

늘보가 소리쳤습니다.

도착한 곳은 뒷산 숲이었습니다. 그런데 늘 보던 숲과는 완전 딴판입니다. 꼭 아마존 정글 같습니다.

"잠깐, 그런 옷차림으론 들어갈 수 없습니다!"

경비원 복장을 한 코뿔소가 환이를 막았습니다. 잠옷을 입지 않으면 들어갈 수 없다고 합니다.

"그러게 그냥 나오라 그랬잖아."

늘보는 입고 있던 잠옷을 벗어 환이에게 입혔습니다. 환이는 잠옷으로 갈아입자마자 기분이 확 달라지는 걸 느꼈습니다.

"꼭 나무늘보가 된 것 같아."

"응, 나무늘보 맞아."

환이는 어느새 나무늘보로 변해 있었습니다.

환이는 늘보와 함께 빅 트리라 불리는 거대한 나무 위로 기어 올라갔습니다. 수많은 나무늘보들이 나뭇가지를 옮겨 다니며 열매따기 시합을 하고 있었습니다. 환이도 엉겁결에 시합에 뛰어들어 열매를 따 먹었습니다.

"우와, 엄청 맛있어!"

환이는 다른 나무늘보처럼 느릿느릿 움직였지만 전혀 느리게 느껴지지 않았습니다. 그렇게 나무 사이로 천천히 옮겨 다니다 보니 어느새 바다가 펼쳐졌습니다. 바다 위로는 돌고래들이 펄쩍펄쩍 뛰어오르며 신나게 놀고 있었습니다.

"재밌겠다!"

늘보는 돌고래 친구에게 부탁해서 잠옷 두 벌을 빌렸습니다. 돌고래 잠옷으로 갈아입자마자 환이와 늘보는 날씬한 돌고래로 변했습니다. 환이는 돌고래들과 함께 바닷속을 헤엄쳤습니다.

"갈매기로 변신할 수도 있을까?"

환이가 중얼거리자 늘보는 또 갈매기 잠옷을 빌려 왔습니다. 환이는 갈매기가 되어 하늘을 쌩쌩 날아다녔습니다.

"잠옷만 바꿔 입으면 뭐든지 될 수 있구나."

환이는 늘보와 함께 사자, 코끼리, 사슴, 기린으로 변신해가며 초원을 누볐습니다.

'시간이 얼마나 지났을까?'

문득 이런 생각이 들었습니다. 그러자 눈앞에 한 무리의 유치원생들이 보였습니다. 드넓게 펼쳐져 있던 초원도 어느새 학교 운동장으로 변해 있었습니다.

"자, 출발선에 서서 신호가 울리면 뛰는 거예요. 하나, 둘, 셋!"

유치원 선생님이 호각을 불자 아이들이 냅다 뛰기 시작했습니다. 환이도 어느새 유치원생으로 변신해서 아이들과 함께 달리고 있었습니다. 달리기라면 아주 어릴 때부터 늘 1등을 놓치지 않았던 환이였습니다. 역시 출발하자마자 환이는 단숨에 선두로 치고 나갔습니다.

'어, 저게 뭐지?'

열심히 달리고 있는데 유치원 교실에 적힌 팻말이 눈에 들어왔습니다. 돌고래 반, 사자 반, 코끼리 반, 기린 반, 사슴 반…….

'유치원 때 무슨 반이었더라?'

기억을 더듬느라 걸음이 점점 느려졌습니다. 다른 아이들이 재빨리 추월하는 동안에도 환이는 '무슨 반이었더라, 무슨 반이었더라?' 이 생각뿐입니다.

그 사이 다른 아이들은 모두 결승선을 통과하고 있었습니다. 환이가 1등을 놓친 건 이번이 처음입니다. 1등은커녕 맨 꼴찌였습니다. 그런데도 환이는 아무렇지 않았습니다. 아쉽지도, 속상하지도 않았습니다. 그렇게 맨 마지막으로 결승선을 통과하는 순간, 어디선가 엄마의 잔소리가 들려왔습니다.

"얘가 정신이 있어 없어? 시간이 몇 신데 여태 자고 있니!"

엄마는 환이를 일으켜 세우고는 욕실 쪽으로 등을 떠밀었습니다. 환이는 아직 몽롱한 기분으로 양치질을 시작했습니다.

식탁 위에는 토스트와 우유가 차려져 있었습니다. 환이는 토스트를 집어 들며 엄마에게 물었습니다.

"엄마, 나 유치원 때 무슨 반이었어?"

"너? 나무늘보 반이었잖아. 그때 얼마나 속상했는데? 사자 반, 호랑이 반 다 놔두고 하필 나무늘보가 뭐야, 나무늘보가."

가방 메고 신발 신고 현관문을 열다가 환이가 또 엄마를 부릅니다.

"엄마."

"또 왜?"

"난 뭐든지 될 수 있어."

환이는 '잠옷만 갈아입으면'이란 말을 쏙 빼고 말했습니다. 엄마 얼굴이 환해졌습니다.

"그럼, 물론이지. 넌 뭐든지 될 수 있어."

엄마는 환이를 꼭 끌어안았습니다. 참 오랜만에 안겨보는 엄마 품이었습니다.

그냥
네가
좋아

그래, 넌 뭐든지 될 수 있어.
예술가가 될 수도
학자가 될 수도
여행가가 될 수도 있어.
하지만 지금은 그냥 너라서 좋아.

너는 곧 태어나서
걸음마를 하고
엄마 아빠를 부르고
보채고 칭얼거리겠지.
그런 네가 좋아.

커서 어떤 사람이 되건
엄마 아빠는 그냥 네가 좋아.

시인의 모닥불

어느 산골 움막에 늙은 시인이 살았습니다. 한때는 꽤 유명했지만 이젠 알아보는 사람이 거의 없습니다. 시를 읽으며 살기에는 너무 바쁜 세상이었습니다. 그래도 시인은 꿈을 잃지 않았습니다.

세상에 보탬이 되는 시를 써야겠어.

그런 꿈을 안고 산으로 들어온 것입니다.

낮에는 텃밭을 일구고 밤에는 새싹처럼 신선한 단어들을 캐내며 시인은 하루하루 시를 썼습니다.

* * *

출출하면 감자를 구워 먹고, 적적하면 노루, 다람쥐, 토끼들과 어울렸습니다. 텃밭을 일구다가도 문득 시상이 떠오르면 시인은 그 자리에 주저앉아 시를 적었습니다. 도시에 살 땐 몰랐던 자연의 소소한 재미가 사뭇 쏠쏠했습니다.

시인이 완성한 시는 이제 곳간에 쌓인 옥수수 알갱이만큼 많아졌습니다. 단어 하나하나가 목숨처럼 소중하게 느껴지는 시들이었습니다. 그렇게 한 해, 두 해 세월이 흘렀습니다.

산에 들어온 지 5년째 되던 어느 해 겨울, 시인은 그동안 한 땀 한 땀 거둔 시들을 모아 커다란 가방에 넣었습니다. 이제 시집을 세상에 내놓을 때가 온 것입니다.

눈이 제법 오는구나.

시인은 낡은 외투를 꺼내 입었습니다. 창밖으로 함박눈이 내리고 있었습니다. 시인은 무거운 가방을 둘러메고 움막을 나섰습니다.

버스를 타려면 산 아래 마을까지 한참을 걸어야 했습니다. 가는 길에 눈발이 점점 굵어지는가 싶더니 이내 폭설로 변했습니다. 눈은 빠르게 쌓여 무릎까지 푹푹 잠겼고 손발마저 얼기 시작했습니다.

돌아갈까 말까.

잠시 망설이다 시인은 계속 길을 걷기로 했습니다. 하지만 얼마 못 가 다시 걸음을 멈춰야 했습니다.

가만있자, 여기가…….

쌓인 눈에 길이 사라지고 하얀 눈밭만 펼쳐져 있었습니다. 시인은 더럭 겁이 났습니다. 이런 날씨에, 그것도 이런 오지에서 길을 잃는다는 것은 위험하기 짝이 없는 일입니다.

* * *

눈은 이제 허리까지 쌓였습니다. 걸음이 더뎌지고 숨이 가빠졌습니다. 시인은 대피할 곳을 찾아 필사적으로 몸을 움직였습니다. 다행히 비탈 쪽에 버려진 초소가 하나 보였습니다.

텅 빈 초소에 들어서는 순간 시인은 깜짝 놀라고 말았습니다. 차디찬 초소 바닥에 산고양이들이 웅크린 채 달달 떨고 있었기 때문입니다. 어미 고양이와 갓 낳은 새끼 고양이까지 하나, 둘 모두 세 마리였습니다.

야옹.

어미는 기진맥진한 상태였고 새끼들은 어미 품을 파고든 채 떨고 있었습니다. 시인은 외투를 벗어 고양이 가족부터 감쌌습니다.

오늘 밤을 무사히 날 수 있을까.

시인은 서둘러 땔감을 찾았습니다. 하지만 사방이 온통 눈으로 뒤덮인 탓에 땔감 구하기가 만만치 않았습니다. 한참을 헤맨 끝에 시인은 간신히 반쯤 젖은 장작 몇 개를 구할 수 있었습니다.

성냥, 성냥이 어디 있지?

낡은 외투 주머니에 오래된 성냥이 있었고, 성냥갑에는 다섯 개의 성냥개비가 들어 있었습니다.

성냥불을 장작에 갖다 댔지만 불은 붙지 않았습니다. 한 번, 두 번, 세 번……. 아까운 성냥개비 세 개만 허비하고 말았습니다. 점점 창백해지는 고양이들의 얼굴이 시인을 초조하게 했습니다.

남은 성냥개비는 이제 두 개. 어떡하든 불을 붙여야만 했습니다. 다시 불쏘시개를 찾아 두리번거리던 시인의 시선이 가방으로 향했습니다. 가방 안에는 5년 동안 공들여 써온 원고 뭉치가 가득 들어 있었습니다. 시인은 원고 뭉치와 고양이들을 번갈아 보았습니다.

잠시 후 시인은 성냥불을 켜고 원고지에 불을 붙였습니다. 밤마다 꾹꾹 눌러쓴 까만 글씨들이 불길에 오그라들었습니다. 나무토막이 제 스스로 타오르기까지는 꽤 많은 불쏘시개가 필요했습니다. 시인은 계속해서 시를 태웠습니다.

잠시 후 모닥불이 활활 타오르고, 차갑게 얼어 있던 어미 고양이의 얼굴에도 온기가 흐르기 시작했습니다. 시인은 구석에 나뒹구는 빈 깡통에 눈을 가득 담아 끓였습니다. 데운 물을 어미와 새끼들에게 먹이고 남은 물은 시인이 마셨습니다.

* * *

늦은 밤, 버려진 초소에는 모닥불이 계속 타오르고 있었습니다. 시인의 가방은 이미 텅 비어 있었습니다. 초소 밖으로 눈보라 치는 소리를 들으며 시인은 고양이 세 마리를 품에 안은 채 꾸벅꾸벅 졸았습니다. 시인은 자신이 태운 시들이 부디 이 세상에 보탬이 될 수 있기를 바랐습니다.

긴 겨울이 끝나고 봄이 왔습니다. 시인의 움막에도 봄바람이 불어왔습니다. 풀이 돋아나기 시작한 텃밭 위로는 어린 고양이 두 마리가 뛰어놀고 있었습니다. 어미 고양이는 잠든 시인의 방 앞에 웅크린 채 졸고 있었습니다. 그리고 시인의 머리맡에는 처음부터 다시 쓰기 시작한 시 노트가 펼쳐져 있었습니다.

너만을
위한
시

종이에 적어야만 시가 되는 건 아니야.
친구의 차가운 손을 잡아줄 때
맞잡은 손에서 느껴지는
따스한 온기도 한 편의 시야.

아름다운 단어들만 시가 되는 건 아니야.
외로운 사람 곁에
가만히 앉아 있는 그 침묵도 한 편의 시야.

시인들만 시를 쓰는 건 아니야.
볼록한 배를 쓰다듬으며
중얼중얼 얘기하는 엄마 아빠도 시인이야.
너만을 위한 시인이야.

10
CHAPTER

임신 10개월 뇌태교

• 37～40주 •

아기는 툭툭 차대던 발길질도 멈추고 몸을 작게 오므린 다음, 머리를 아래쪽 골반에 향하게 두고 밖으로 나올 준비를 합니다. 엄마가 기분 좋게 먹은 음식으로 영양 공급이 잘 이뤄지면 태아는 만족감을 느낍니다. 비빔밥처럼 한 그릇에 밥, 채소, 육류가 고루 들어 있는 음식이 특히 좋습니다. 햄버거나 치킨, 피자 등은 짠 편이어서 염분의 섭취가 많아질 수 있으므로 피하는 것이 좋습니다. 임신부의 몸은 본격적인 출산 준비에 들어가므로 몸에서 느껴지는 변화에 항상 관심을 가져 출산 신호에 유의해야 합니다. 아기와 만날 날을 기다리며 아기에게 편지를 써봅시다. 임신을 확인한 순간의 기쁨, 임신 기간 중 느낀 많은 것들, 아기에 대한 기대감 등 엄마 아빠가 하고 싶은 말을 담아 아기에게 편지를 쓰는 것은 임신 막바지에 마음을 차분하게 정리할 수 있는 좋은 방법입니다. 마지막 주가 되면 분만을 위한 호흡법을 익혀두는 것이 좋습니다.

김영훈 박사님의 주별 뇌태교 이야기

37 weeks

아기는요

심장, 간장, 호흡기, 소화기, 비뇨기 등 모든 장기가 완성됩니다. 몸은 자궁을 꽉 채울 만큼 커져서 등을 움츠리고 팔과 다리를 앞으로 모은 자세를 취합니다. 배내털이 거의 다 빠지고 어깨나 팔다리 등 몸의 주름진 부위에만 조금 남아 있습니다.

엄마는요

태아가 아래로 내려오고 있다는 느낌이 듭니다. 그와 함께 숨 쉬기도 쉬워지고 소화도 잘되는 것 같습니다. 그러나 자궁이 방광을 눌러 자주 소변이 마렵습니다.

아빠는요

출산 때 남편이 곁에 있으면 든든할 것입니다. 요즘은 온 가족이 분만에 참여할 수 있는 가족분만실도 있습니다. 그러나 간혹 출산 장면을 보고 충격을 받는 남편도 있으므로 미리 출산 과정에 관한 책이나 비디오를 보고 분만에 동참할 것인지 아닌지를 결정합시다.

38 weeks

아기는요

손톱이 길게 자라고 머리카락도 3cm 정도로 자랍니다. 밖에서의 생활에 대비해 효소와 호르몬을 저장합니다. 배에 귀를 대면 태아의 심박동 소리가 들립니다.

엄마는요

대부분의 태아는 머리를 아래로 향한 채 거꾸로 서 있으며 머리 부분이 모체의 골반 안으로 들어가 태동이 둔해집니다. 임신 말기에는 심박동이 좀 더 빨라지면서 일반인보다 약 45% 이상의 피를 더 혈관으로 뿜어내게 됩니다.

아빠는요

분만을 앞둔 남편이라면 다음의 것들을 챙겨봅시다. 분만실에 남편이 들어갈 수 있는지, 가능하다면 분만실 조명의 밝기를 낮출 수 있는지, 최대한 자연분만을 유도할 것인지 등을 꼼꼼하게 알아보고 결정하는 것이 좋습니다. 아빠가 기쁘게 분만에 참여하는 그 순간까지가 아빠 태교의 끝입니다.

39 weeks

아기는요

피부에 윤기가 있고 핑크빛이며 태지도 그리 많지 않습니다. 소리, 냄새, 빛, 촉감에 반응할 수 있을 만큼 전 영역에 걸쳐 반사작용을 할 수 있게 됩니다. 장 안에는 검은색에 가까운 태변이 차 있습니다.

엄마는요

언제든지 출산할 수 있는 상태가 됩니다. 태아가 커짐에 따라 뱃가죽은 더욱 팽팽해지며 배꼽의 패인 부분이 드러나지 않게 됩니다. 출산이 가까워지면 배가 땅기는 증상이 빈번해지나 진통이 시작된 것은 아닙니다. 걸음을 뗄 때마다 아기가 나올 것 같은 느낌이 들기도 합니다.

아빠는요

집에 혼자 있는 임신부의 경우 혹시 혼자 있을 때 진통이 오는 게 아닌가 하고 불안에 떨 수 있으므로, 최대한 아내 곁에서 불안을 덜어주고 수시로 전화해서 아내의 상태를 체크합시다.

40 weeks

아기는요

태어나는 즉시 아기는 자신의 폐로 호흡을 하게 됩니다. 심장의 기능도 바깥에서 생활할 수 있는 상태로 바로 바뀝니다. 태어나자마자 엄마 젖을 물리면 본능적으로 빨게 됩니다. 울음으로 자신의 의사를 전달합니다.

엄마는요

자연분만으로 아기를 낳으면 걸어서 병실로 갈 정도로 회복이 빠릅니다. 입원도 2–3일 정도면 충분합니다. 제왕절개로 아기를 낳으면 이틀 정도 몸을 움직이기 힘들며, 방귀가 나올 때까진 금식입니다. 하지만 누운 상태로 젖을 먹일 수는 있습니다.

아빠는요

가능한 아내와 출산의 고통과 탄생의 감격을 함께 나누도록 합니다. 이렇게 임신부의 고통을 나누려는 마음이 임신부의 통증을 줄여줄 수 있습니다. 중요한 것은 많은 사람들이 함께 고통을 덜어주고, 탄생의 순간을 기뻐할 수 있어야 한다는 것입니다.

MY CATS
ABOUT LOVE
LIFE

사람도 그렇지만 고양이들 중에도 좀 유별난 녀석들이 있어. 할머니 카페에 사는 까미만 봐도 그래. 글쎄 이 녀석은 벽시계에서 뻐꾸기가 시간을 알릴 때마다 못 잡아먹어 안달이거든.

까미는 할머니 몰래 장식장 꼭대기에 새처럼 둥지를 틀고 지냈어. 점프만 잘하면 벽시계까지 닿을 수 있는 거리야. 까미는 거기서 잔뜩 웅크린 채 시계만 뚫어지게 바라봐. 그러다가 뻐꾸기가 쏙 튀어나와 '뻐꾹, 뻐꾹' 울어대기 시작하면 기다렸다는 듯이 야옹! 하고 몸을 날리곤 했어. 하지만 번번이 바닥에 나동그라지기 일쑤야. 아직은 점프 실력이 별로인가 봐.

"까미 이 녀석! 다리를 꽁꽁 묶어놓든지 해야지 안 되겠구나."

주인 할머니는 까미가 뻐꾸기를 공격할 때마다 야단을 쳤어.

"저건 살아 있는 뻐꾸기가 아니란 말이야!"

하지만 주인이 모르는 게 한 가지 있어. 뭐냐 하면 까미는 뻐꾸기를 잡아먹으려는 게 아니라 시간 도둑을 잡으려는 것뿐이거든.

* * *

뻐꾸기가 할머니 모르게 한 시간씩 훔쳐가고 있다는 사실을 까미는 이미 한 달 전에 알았어. 시곗바늘이 분명 4시를 가리키는데 뻐꾸기는 다섯 번이나 울었거든. 처음엔 잘못 들었거니 했지. 그런데 그런 일이 세 번, 네 번 계속되는 거야. 아직 4시밖에 안 됐는데 다섯 번이나 울면 나머지 한 시간은 어디 갔을까? 맞아, 뻐꾸기 녀석이 슬쩍한 거야.

하루는 24시간인데 뻐꾸기 녀석 때문에 23시간으로 줄면 어떻게 되겠어? 그만큼 시간에 쫓기게 될 거 아니야? 그래서인지 요즘 들어 할머니가 은근히 바빠진 것 같아. 예전에는 까미랑 잘 놀아주기도 했는데 이젠 거들떠보지도 않는단 말이야. 까미는 할머니가 바빠지는 게 싫었어.

카페가 비는 날에는 아예 세 시간, 네 시간씩 훔쳐갈 때도 있었어. 시곗바늘은 6시를 가리키는데 아홉 번이나 우는가 하면 2시밖에 안 됐는데 여섯 번씩 울기도 한단 말이야.

'저 도둑놈이 점점 대담해지네!'

그때부터 까미는 도둑 뻐꾸기를 잡기로 마음먹은 거야.

까미는 주인 할머니한테 그렇게 혼나면서도 포기하지 않았어. 할머니의 소중한 시간을 꼭 지켜내기로 마음먹었거든.

'뻐꾸기 녀석을 잡으려면 점프 실력부터 키워야 해.'

그래서 까미는 틈만 나면 점프 연습을 했어. 소파에서 식탁까지, 식탁에서 냉장고까지 펄쩍펄쩍 몸을 날리면서 말이야.

물론 시련도 많았어. 할머니가 아끼는 접시며 꽃병을 깨뜨리는 바람에 두 끼를 굶기도 했지.

"또 한 번만 그랬다간 쫓겨날 줄 알아!"

이렇게 무시무시한 위협에 시달리기도 했어. 까미는 그 모든 시련과 아픔 속에서도 점프 연습을 게을리하지 않았어. 그리고 마침내 책꽂이에서 벽걸이 선반까지 단숨에 오를 수 있을 만큼 놀라운 점프력을 갖추게 된 거야.

할머니가 잠시 외출했을 때 까미는 장식장 꼭대기에 잔뜩 웅크리고 앉았어. 이제 1분 뒤면 뻐꾸기가 나올 거야. 시곗바늘이 3시 59분을 가리키고 있었거든.

'이번엔 절대 놓치지 않아!'

까미는 금방이라도 몸을 날릴 준비가 되어 있었어.

시곗바늘이 정확히 4시를 가리키는 순간, 문이 열리고 뻐꾸기가 쏙 튀어나왔어.

"뻐꾹!"

"야옹!"

까미는 번개같이 몸을 날렸어.

'잡았다!'

그런데 뭔가 좀 이상해.

'어, 여기가 어디지?'

분명히 뻐꾸기를 잡은 것 같았는데 엉뚱한 세상에 와버린 거야. 나무에 열매 대신 시계가 대롱대롱 달려 있고, 하늘에도 별 대신 시계가 반짝거려. 더 놀라운 건 뭔지 알아? 글쎄 빼꾸기들이 사람처럼 막 걸어 다니지 뭐야. 자전거 바퀴도, 자동차 바퀴도 시계처럼 생겼어. 그런데 사람은 없고 온통 빼꾸기들뿐이야.

'여긴 빼꾸기들 세상이구나!'

맞아. 빼꾸기들이 한 시간, 두 시간씩 훔친 시간으로 자기네들 세상을 만든 거야. 까미는 화가 났어.

'순 도둑놈들, 가만두지 않겠어.'

하지만 까미 혼자서 뭘 어쩌겠어? 빼꾸기들은 사람처럼 큰 데다가 한두 녀석도 아닌데. 바로 그때 빼꾸기 병사들이 다가왔어. 그리고는 다짜고짜 까미를 꽁꽁 묶더니 빼꾸기 왕한테 데려갔지 뭐야.

"웬 녀석이냐? 내 왕국에서 뭘 하는 거지?"

빼꾸기 왕이 물었어.

"전 까미라고 해요. 도둑 빼꾸기를 잡으려고 왔어요."

"뭐? 도둑 빼꾸기라고? 이거 정말 위험한 녀석이군. 여봐라, 이자를 엄벌에 처하라!"

까미는 어디에 갇혔을까? 감옥? 아니야. 감옥 대신 커다란 시계 안에

갇혔어. 그 안에서 한 시간마다 야옹, 야옹, 시간을 알려주게 된 거야. 그래 맞아, 뻐꾸기 시계가 아니라 고양이 시계야. 까미는 하루 종일 잠도 못 자고 한 시간마다 야옹, 야옹야옹, 울어야 했어.

* * *

까미는 너무 답답하고 슬프고 또 할머니가 그리웠어. 그래서 언제부터인가 시간을 알릴 때마다 야옹야옹 구슬프게 울었지. 그 소리가 어찌나 슬픈지 하루는 어린 뻐꾸기 공주가 다가왔어. 까미는 뻐꾸기 공주를 한눈에 알아봤어. 바로 할머니 카페에서 뻐꾹뻐꾹 시간을 알려주던 그 뻐꾸기였거든.

"까미야, 넌 왜 그렇게 시간을 지키려고 하니? 그깟 한두 시간쯤이야 너한테는 아무것도 아니잖아."

까미는 뻐꾸기 공주에게 말했어.

"내 시간이 아니라 할머니 시간을 지키려는 거야."

"할머니 시간? 왜?"

"할머니 시간이 자꾸 줄어들면 나랑 함께 지낼 시간도 줄잖아. 난 할머니랑 오래오래 같이 살고 싶단 말이야."

까미는 야옹, 야옹 울었어. 뻐꾸기 공주는 아무 말도 못하고 멍하니

까미만 바라볼 뿐이야.

갑자기 빼꾸기 공주가 시곗바늘을 거꾸로 돌리기 시작했어.

"지금 뭐 하는 거니?"

까미가 물었어.

"보면 몰라? 시간을 되돌리고 있잖아. 너도 거들어."

까미는 빼꾸기 공주와 함께 시곗바늘을 열심히 돌렸어.

"좀 더 빨리, 빨리!"

까미는 빼꾸기 공주가 시키는 대로 시곗바늘을 힘껏 돌렸어. 그런데 참 이상하지? 바늘을 돌리면 돌릴수록 점점 졸음이 몰려온단 말이야. 까미는 시곗바늘을 잡은 채 잠이 들고 말았어.

"이 녀석, 암만 찾아도 안 보이더니 여기에서 늘어지게 자고 있었구나."

할머니 목소리에 까미는 겨우 잠에서 깼어. 소파 밑에 잠들어 있던 까미를 할머니가 찾아낸 거야.

"밖에서 널 얼마나 찾았는지 알아? 이 할미 혼자 놔두고 떠난 줄 알았잖니?"

할머니는 까미를 품에 꼭 안고 주름진 손으로 연신 쓰다듬었어. 까미는 야옹야옹 하면서 할머니 손을 핥았지. 바로 그때 뻐꾸기 시계가 울기 시작했어.

뻐꾹, 뻐꾹, 뻐꾹!

까미는 재빨리 시계를 봤어. 시곗바늘은 정확히 3시를 가리키고 있었어. 시계가 이제야 제대로 작동하기 시작한 거야.

까미가 씩 웃어 보였더니 뻐꾸기 공주도 까미에게 살짝 윙크를 보냈어. 할머니는 아무것도 모른 채 꾸벅꾸벅 졸기 시작했지. 까미를 꼭 안고 연신 쓰다듬으면서 말이야.

너의
시간을
너의 행복으로

시간을 쪼개어 살 필요는 없어.
시간에 쫓기며 살 필요도 없어.
너의 시간을
너의 행복으로 가득 채우면 돼.

너의 시간을 잘 지켜.
너의 시간을 빼앗기지 마.
시간을 빼앗기면
행복도 빼앗겨.

하지만 엄마는 시간을 빼앗길 거야.
너의 행복을 위해
얼마든지 시간을 빼앗길 거야.

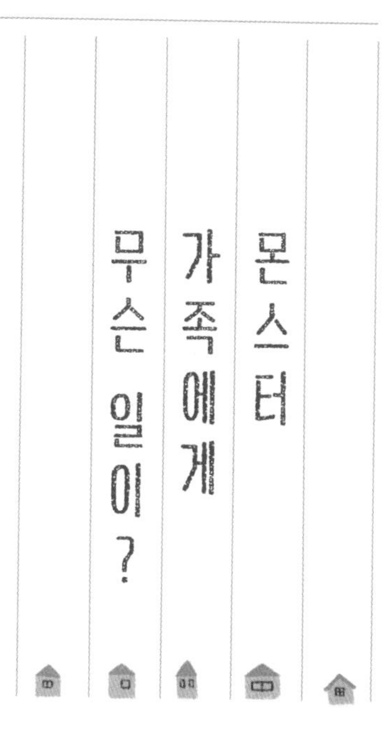

몬스터 가족에게 무슨 일이?

몬스터 알지? 괴물 말이야, 괴물.

생긴 것도 흉악한데 성질은 더 흉악해. 사람들을 괴롭히면서 즐거워하거든. 사람들이 놀라서 울거나 비명을 지를수록 몬스터들은 행복해진대.

"쿵구루야, 오늘은 누굴 어떻게 괴롭혔니?"

오늘도 아빠 몬스터가 아들 몬스터한테 물었어. 아들 이름이 쿵구루인가 봐.

"노인네 지팡이를 부러뜨렸어요."

"음, 좀 약하구나. 또?"

"황소 한 마리를 지붕에 올려놨어요."

"음, 아직 약하구나. 또?"

"마을버스 바퀴에 펑크를 냈어요."

"네 바퀴 다?"

"예."

"잘했다. 하지만 좀 더 노력해야겠구나."

쿵구루는 칭찬받는 걸 좋아해. 그래서 날마다 마을에 내려가서 행패를 부렸단다. 사람들은 쿵구루 때문에 속상해 죽을 지경이야. 하지만 어떡해, 몸놀림이 어찌나 재빠른지 통 잡을 수가 있어야지.

사람들은 결국 몬스터 헌터를 부르기로 했어. 몬스터 헌터가 누구냐고? 이 마을 저 마을 다니면서 몬스터를 잡아주는 사람이야.

"사과 두 박스만 마련해주시오."

나이 지긋한 헌터 영감이 말했어. 사과 두 박스로 어떻게 몬스터를 잡지? 사람들은 의아해하면서도 사과 두 박스를 가져왔어. 헌터 영감은 커다란 항아리에 사과를 쏟아부은 다음 설탕도 넣고 술도 가득가득 부었어.

"영감님, 이거 사과술 아닌가요?"

"사과술이 아니라 덫일세, 덫."

헌터 영감은 사람들을 시켜 항아리를 숲 근처에 놔뒀어.

"자, 이제 느긋하게 기다려봅시다."

* * *

그날 밤에도 쿵구루는 어김없이 마을로 내려갔어. 오늘은 정말로 사람들을 멋지게 괴롭힐 생각이야. 어, 그런데 저게 뭐지? 못 보던 항아리가 떡하니 놓여 있잖아? 쿵구루는 아직 어린 몬스터라 호기심도 꽤 많아. 그래서 항아리에 들어 있는 물을 한 모금 마셔봤어.

"이야, 엄청 달고 맛있어!"

쿵구루는 한 모금, 또 한 모금 자꾸자꾸 사과술을 마셨단다.

"쿵구루야, 오늘은 누굴 어떻게 괴롭혔니?"

"……기억이 잘 안 나요."

"뭐라고? 기억이 안 난다고?"

아빠 몬스터는 깜짝 놀랐어. 곁에 있던 엄마 몬스터가 얼른 다가와서 쿵구루 이마를 짚어봤어.

"얘가 열이 있는 것 같아요. 입에서 이상한 냄새도 나고."

"에이, 몬스터가 감기에 걸리다니 부끄러운 줄 알아라."

다음 날 쿵구루는 마음을 단단히 먹고 마을로 내려갔어. 이번엔 제대로 사람들을 괴롭힐 생각이야.

"좋았어. 저기 저 꼬마 녀석을 잡아서 거꾸로 매달아야지."

쿵구루는 솔방울 줍고 있는 소년에게 살금살금 다가갔어. 그런데 이게 웬일? 소년이 쿵구루를 향해서 반갑게 손을 흔들잖아.

"안녕, 쿵구루! 어젠 정말 고마웠어!"

"고, 고맙다고? 어제 내가 뭘 했는데?"

"기억 안 나? 우리 집 강아지를 찾아줬잖아. 너 아니었으면 정말 큰 일 날 뻔했어. 정말 고마워."

그때 마을 사람들 몇몇이 쿵구루에게 다가왔어.

"쿵구루야, 어제 정말 수고 많았다. 그 넓은 밭을 혼자 다 일구다니 정말 대단해."

"쿵구루야, 네 덕분에 이제 비가 와도 지붕 샐 일이 없게 됐구나. 너무너무 고마워!"

쿵구루는 약간 기분이 좋아졌어. 칭찬받는 걸 좋아하거든.

"자자, 쿵구루야, 이거 한 잔 마시렴. 사양 말고 쭉 들이켜."

쿵구루는 사람들이 내미는 잔을 쭉 들이켰어. 어제 맛봤던 바로 그 달콤한 물이잖아.

"아, 맛있다!"

"그래그래, 얼마든지 마시렴."

쿵구루는 잔을 비우고 또 비우고 그랬어.

"쿵구루야, 오늘은 누굴 어떻게 괴롭혔니?"

"……기억이 잘 안 나요."

"뭐라고? 또 기억이 안 난다고?"

아빠 몬스터는 화를 버럭 냈어. 단단히 혼낼 기세야.

"여보, 애가 아직 열이 있어요. 얼굴도 벌겋잖아요."

엄마 몬스터는 쿵구루에게 따뜻한 죽을 쒀줬어.

하지만 다음 날, 그다음 날도 마찬가지야.

누굴 어떻게 괴롭혔냐고 물으면 기억이 안 난대.

"안 되겠다. 오늘은 다 같이 마을로 내려가야겠다. 사람들을 어떻게 괴롭혀야 하는지 잘 보고 배워라, 알았지?"

몬스터 가족이 모처럼 다 함께 마을로 내려가게 됐어. 아빠 몬스터는 동굴을 나설 때부터 무시무시한 표정을 지었단다. 이참에 아들 몬스터를 아주 제대로 교육시킬 모양이야.

마침 큰 잔치가 열렸는지 마을 회관이 떠들썩해. 음악 소리도 들리고 고기 굽는 연기도 모락모락 피어오르잖아.

"좋아, 즐거운 잔치를 아주 그냥 괴로운 잔치로 만들어주마."

아빠 몬스터는 기세등등하게 마을회관으로 향했어. 엄마 몬스터랑 쿵구루도 쿵쿵쿵 뒤를 따랐지.

회관 앞에 도착하자마자 아빠 몬스터는 문을 확 열어젖혔어. 아주 거칠게 말이야. 어떻게 됐을까? 예전 같으면 비명소리가 터져 나왔겠지? 하지만 오늘은 좀 달라. 사람들이 벌떡 일어나더니 몬스터 가족을 향해 박수를 치잖아. 와와 함성을 지르면서 말이야.

"쿵구루 아버님이시죠? 이제야 뵙는군요. 반갑습니다."

"정말 훌륭한 아드님을 두셨어요. 아드님 덕분에 우리 마을이 얼마나 살기 좋아졌는지 몰라요."

"아이고, 쿵구루 어머님이시군요. 아드님 마음씨가 어쩜 그렇게 고울까 했더니 역시 어머님 닮은 모양이네요."

이런 황당한 일이 다 있나? 아빠 몬스터는 당황해서 어쩔 줄을 몰라.

엄마 몬스터도 마찬가지야. 하지만 어쨌든 사람들한테 인사는 해야 하잖아.

"아, 네네. 좋게 봐주셔서 고맙네요. 우리 애가 마음이 좀 여리긴 여린 편이죠. 숫기가 없어서 좀 걱정이긴 해도."

"무슨 말씀, 숫기가 없다니요. 얼마나 씩씩한대요? 힘도 아주 장사예요, 장사!"

"자자, 이렇게 서 있지 마시고 이리 와서 좀 앉으세요. 쿵구루 아버님 술 드시죠? 자, 여기 한 잔 받으세요."

그날 밤 마을 회관에서는 밤늦도록 잔치가 벌어졌어. 춤도 추고 노래도 부르고, 그렇게 흥겨울 수가 없었지. 아빠 몬스터는 주말에 마을 영감들이랑 낚시 가기로 약속까지 했다니까. 엄마 몬스터는 마을 아낙네들이랑 김장을 담그기로 했어.

* * *

다음 날 아침, 몬스터 가족은 늘 그렇듯 동굴집에서 눈을 떴어.

"어제 우리가 누굴 어떻게 괴롭혔더라?"

쿵구루가 대답했어.

"기억이 잘 안 나요."

엄마 몬스터도 대답했어.

"글쎄요, 나도 기억이 잘 안 나요. 당신은요?"

아빠 몬스터는 대답이 없었어. 뭔가를 기억하려고 애쓰는 모양이야. 그러다 무릎을 탁 치면서 이러는 거야.

"맞다, 주말에 낚시 가기로 했다."

"아, 맞아요. 난 김장하기로 했어요."

몬스터 가족은 서로 얼굴을 보며 한동안 아무 말도 하지 않았어. 다들 뭐가 어떻게 된 건지 잘 모르겠다는 표정이야.

마음을
여는
마법의 주문

겉으론 보이지 않는 속마음,
좀처럼 열리지 않는 진심을
한 번에 열 수 있는 마법의 주문이 있어.

고마워.
이 한 마디면 충분해.
고마워 한 마디에 마음이 열려.

선하고 친절한 마음을
만나고 싶을 때마다 주문을 거는 거야.

'고마워'라고.

감수 **김영훈**(金泳勳)

가톨릭대학교 의과대학을 졸업하고 의학박사학위를 취득했다. 17대, 18대 가톨릭대학교 의정부성모병원장을 역임했고, 대한소아청소년과학회 발달위원장, 한국발달장애치료교육학회 부회장, 한국두뇌교육학회 회장이며, 현재는 가톨릭의대 소아청소년과 교수로 재직 중이다. 다수의 논문을 국내외 의학학술지에 발표했으며, 2016년 보건복지부장관상, 2007년 가톨릭대학교 소아과학교실 연구업적상, 2002년 대한소아신경학회 학술상을 수상한 바 있다.
여러 방송과 강연에서 뇌 발달 전문가로 활약했으며 저서로는 『하루 15분, 그림책 읽어주기의 힘』, 『4-7세 창의력 육아의 힘』, 『엄마의 두뇌태교』, 『공부두뇌』, 『둘째는 다르다』, 『아이가 똑똑한 집, 아빠부터 다르다』, 『4-7세 두뇌습관의 힘』, 『적기두뇌』 등이 있다.

태교 동화를 읽는 시간, 두뇌가 발달하는 아이
하루 5분 뇌태교 동화

초판 1쇄 발행 2020년 4월 27일 **초판 10쇄 발행** 2024년 1월 8일

글 정홍
그림 설찌
펴낸이 이승현

출판1 본부장 한수미
라이프 팀

펴낸곳 ㈜위즈덤하우스 **출판등록** 2000년 5월 23일 제13-1071호
주소 서울특별시 마포구 양화로 19 합정오피스빌딩 17층
전화 02) 2179-5600 **홈페이지** www.wisdomhouse.co.kr

ISBN 979-11-90630-96-2 13590